U0008426

甲蟲
日記簿

黃仕傑 著

目 次

這個地球是屬於甲蟲的

蕭旭峰
國立台灣大學昆蟲學系教授

人類在窮盡了幾個世紀的研究之後，才開始慢慢瞭解到這個地球其實是屬於昆蟲的勢力範圍。人類憑藉著超凡的智慧，自我感覺良好的認為主宰了地球，然而，當人類與昆蟲這兩股地球上最強大的勢力遭遇時，人類卻從來不曾打過勝仗。因此，我常在課堂上告誡同學，在昆蟲面前我們必須保持謙卑。

早在遠古時代，人類的祖先還未發展完備之前，昆蟲就已經以其優異的能力主宰了整個地球。直到現在，昆蟲仍各自以其令人眼花撩亂的特異功能，佔據了地球的每個角落，鞘翅目的甲蟲更是箇中翹楚。當昆蟲在石炭紀演化出翅膀而成為地球上第一個飛上天空的霸主之後，他們開始發現，當不用翅膀時，它便是在地面活動時一個很大的累贅。而繼演化出翅膀之後，第二個偉大的昆蟲演化事件，正是發生在甲蟲的翅鞘上。也因為這個偉大的發明，使得甲蟲成為可以上天下地的無敵類群，從此所向披靡、稱霸地球。

甲蟲是地球上物種多樣性最高的一群，地球上有超過四分之一的動物種類是屬於甲蟲。雖然我是研究昆蟲分類的，但每每講課到鞘翅類時，總還是令我異常的心虛，原因是甲蟲如此高多樣性的形態與生存適應，常常令人難以捉摸。但從另外一個角度來看，甲蟲毫無疑問也是非常吸引大眾目光的一群。許多人對於昆蟲的喜好，其實都來自於甲蟲。不管是雄壯威武的外型或令人目眩神迷的色彩光澤，常常是許多入門者的啟蒙老師。

仕傑兄多年來努力推行昆蟲教育，推廣昆蟲科普知識不遺餘力，他的熱血衝勁常令以昆蟲為業的我十分汗顏。所以當他提到要我幫忙為這本甲蟲書寫序時，我一口就答應了。老實說，台灣的昆蟲科普出版依舊相對貧乏，這也讓許多初學者常常不得其門而入。透過熱血阿傑生動的文字描述與精彩的攝影作品，娓娓道來他與這些奇異甲蟲的相遇之緣；其中除了介紹了許多您看過或未曾看過的甲蟲之外，也同時傳承了尋找甲蟲的藏身祕技與飼養甲蟲的訣竅，我想這應該會是一本值得您收藏的昆蟲書，也相信這本甲蟲日記簿可以喚醒更多讀者內心蟄伏已久的昆蟲魂吧！當我們越瞭解甲蟲，我們才會真正領悟，原來各擅其場、各領風騷的甲蟲才是真正擁有這個地球的主角啊！

甲蟲「事件簿」的新里程

鄭明倫

國立自然科學博物館生物學組副研究員
兼科教組解說教育科科長

過完農曆新年，仕傑請我審訂他的近作《甲蟲日記簿》，併撰審訂序。這正巧也是仕傑的第十本書，算是個里程，因此寫序時斟酌再三，希望不負所託。

甲蟲，或以專業的鞘翅目（*Coleoptera*）稱之，是所有動物當中種類數最多的一個目級（*order*）分類群（有學者主張以寄生性蜂類為主的膜翅目可能才是最多的），其多樣性之高（依分類見解分成170-180餘科、30-40餘萬種）、體型變化之大（最大和最小的昆蟲都是甲蟲）、棲息環境之廣（從凍原到沙漠、海洋到地下水、昆蟲與其他動物的巢穴或身上）、生態習性之奇（如糞食、播種、寄生在昆蟲或其他動物身上、潛水、發光、發聲、含毒或能噴毒、堅硬如石等等）、跟人類關係之繁（文化、藥用、食用、害蟲、玩賞、仿生等），都可謂蟲中之最或至少名列前茅。關於甲蟲的專業圖書，如《澳洲的甲蟲》（*Australian Beetles*）、《美國的甲蟲》（*American Beetles*）或是《動物學手冊》（*Handbook of Zoology*）等等都是分成數冊加起來近千頁的集體著作。要寫一本關於甲蟲全般的科普書呢？容易之處是有無盡的題材，但難處也在於很難完整或說清楚。所以關於少數幾類比較受歡迎的類群（鍬形蟲、金龜子、天牛、螢火蟲等等）或專門針對某個地區甲蟲介紹的書遠多於一般類書籍。

仕傑的書向來具有明顯的個人風格，除了美圖，還有豐富的個人觀察和經驗分享。繼2016年的《鍬形蟲日記簿》，《甲蟲日記簿》是第二本以親身經歷敘說人與甲蟲的書，《鍬形蟲日記簿》記錄了台灣58種鍬形蟲的故事，包含許多稀有或不易見到的物種，以完整性為主要賣點。而《甲蟲日記簿》則羅列26個仕傑成小到大與甲蟲間經歷過的「事件組」，多數是與蟲的遭遇或採集軼事、有些是養蟲經驗，還有以身試「毒」，或是對於「聽說」的驗證，最後的兩個事件，一則是「台灣昆蟲大展」紀實，另一則是「新甲蟲王者」遊戲登台，兩者都是台灣甲蟲粉絲界的盛會。全書讀來滿滿的人味，而非單純介紹這蟲那蟲或牠們的生態習性，或是幾月能看到什麼。對我來說，針對像甲蟲這樣廣闊的題材，這是一個合理而恰當的寫法，不僅拿掉了完整性的框架，也在選題上不那麼偏重在受歡迎的類群，具有挑戰性、趣味性、知名度、奇特性、常見性，乃至日常生活中的甲蟲都在列，因為每個主題甲蟲的事件組都是獨一無二的，不愁沒內容

可寫。對大多數讀者來說，獨角仙只有一套多少耳熟能詳的科學內容，但對每個玩蟲的人，卻可能有著與眾不同的人生故事。

　　熟悉仕傑的讀者也應該知道他有許多的演講、上課、活動和網路經營。他寫每一本書，實際上也在為這些科普活動鋪路與準備教材。說故事是最適合演講的方式之一，親身的觀察、經歷，配合每次野外必備的影音紀錄都是精彩的素材，這些書本上的事件組其實也是一段段活生生的生活事件，有活力，有魅力，有熱情，有教訓，縱使讀者沒能去到南美的森林或部落，沒在部隊裡當伙房炒大鍋菜煮大鍋飯，透過文字與圖片，仍能在心中浮現鮮活的畫面，分享到作者心中當時的悸動，這正是故事的魅力。熱情是一種具有感染性的魔力，要玩要愛，熱情都是個好起點。我想這也是仕傑的書能一本又一本熱銷的原因，並不是因為裡面帶著許多第一手科學或是洞見，而是在生活中找到一種熱情，那是小朋友都有，卻常在長大過程中遺失的人生寶藏。

　　父母注重小孩的未來，常會問到「興趣能不能當飯吃？」。這是個假問題。就算是社會必需的工作，如修車、剪頭髮，技術不好或是跟不上時代，還是不能當飯吃。所以不論是否是興趣，怎樣才能當飯吃才是真問題。答案很清楚，就是本事。興趣要能當飯吃就要變成本事，也就是能玩出個名堂。名堂不是敝帚自珍也非孤芳自賞。本事不單只有喜歡、技能與知識，而是具備整體的能力，只是把興趣當成發揮的管道。「玩蟲」並不只是「玩」，認知發展學派大師皮亞傑（Jean Piaget，1896-1980）便闡明兒童透過「玩」來建構知識、技能、價值、社會行為等等人生重要的資產。玩蟲的過程中需要有親近自然所需要的體力、離開舒適環境的耐受力、在野外獨處跟自保的能力、所需要的觀察力和敏感度、對待生物的態度、飼養昆蟲的耐性和學習、跟同好間的分享交流、進階到問科學問題、設計操作實驗和分析數據的能力，或是大規模飼養所需要的花費或是人力，甚至是經營管理、待人處世、市場敏感度，或到遠地或出國去觀察、採集、體驗等等，長期累積到最後就是眾多方面的認知、知識和技能等等整體能力。根據工作機會去決定該不該讓小孩發展某個興趣，或一味鼓勵小孩發展某種興趣而忽略其他，其實都窄化了他們的可能。

就算玩蟲只是單純的興趣，也沒什麼問題。我認識許多成人都是事業有成之後，在閒暇之餘重拾他們年輕時的玩蟲興趣。有錢有閒，再加上人生的歷練與家庭的環境，可能讓大人帶小孩玩蟲玩得更起勁兒，關係更融洽。「玩蟲」不意味未來要成為科學家、開寵物店，而是個認識世界、認識自己的過程。學會關心環境、看重生命、或至少不會怕蟲，都是一種正向的價值，成為公民科學家協助科學研究也大有人在。所以玩什麼不是問題，玩出什麼才是重點。如果仔細閱讀《甲蟲日記簿》，我相信您也會讀到玩蟲的過程中回饋到人生上的課題。

日前在車站看到一個有意思的廣告標語：傳奇沒有終點，只有起點。知道仕傑在《甲蟲日記簿》後還將在本年度推出第十一、二本書，題材更加廣泛。相信隨著年齡與見識的增廣，合作對象的增加，加上對讀者更多的了解，未來在撰書上會不斷超越精進與游刃有餘，這第十本書的里程很快會成為另一個階段的開端。

I AM A

我是甲蟲

1

BEETLE

長頸鹿捲葉象鼻蟲 *Trachelophorus giraffa*
是全世界最大型的種類。（馬達加斯加）

我是**甲蟲**

　　甲蟲要怎麼定義?這是個很有趣的問題,多數人以為只有金龜子、獨角仙、鍬形蟲、天牛,叫做甲蟲,其它如:瓢蟲、螢火蟲、隱翅蟲等不是甲蟲。每次到各地分享,無論任何主題,通常會用幾張照片開場,其中一定有螢火蟲,多數人對於甲蟲的定義並不清楚,大家皆以耳熟能詳的中文俗名稱呼這些甲蟲,卻不清楚地們在分類的位階,每次問到:「請問螢火蟲是甲蟲嗎?」得到的回答通常是否定的,其中不乏老師與志工,由此可知大家對於甲蟲並不熟悉。其實「甲蟲」是鞘翅目昆蟲的俗稱。目前世界已知鞘翅目,依照統計方式的不同,結果差異也很大,從170~180科,約30~40萬種都有,甲蟲這麼多,要怎麼辨識呢?就讓我們由認識昆蟲開始吧!

筒蠹蟲科（Lymexylidae）是讓人跌破眼鏡的甲蟲，
與一般甲蟲的外觀完全不同。（**海南島**）

外觀嚇人的鐵甲蟲 *Hispellinus* sp.
前胸與翅鞘長滿棘刺。（**台灣**）

任誰看了都會喜歡的金色甲蟲，羅森伯基黃金鬼鍬形蟲 *Allotopus rosenbergi*。（**印尼**）

圓滾滾，長相可愛的厚角金龜 *Blackburnium cavicolle* 在連日大雨後突然密集出現。（**澳洲**）

外型如同愛心浪漫的甲蟲
是金花蟲科（Chrysomelidae）的一種。（**祕魯**）

若不是親眼所見，很難相信世界上有胖吉丁
Sternocera aequisignata 這樣像寶石的甲蟲。（**泰國清邁**）

菱背枯葉螳螂 *Deroplatys lobata* 前胸與前翅的花紋
與落葉非常相似。（馬來西亞）

如何
辨識甲蟲

　　簡單來說，大部分昆蟲有兩對翅膀，主要用來飛行。有的類群其中一對翅膀特化成平衡棍，如：雙翅目的蚊子、蒼蠅、虻類；某些類群翅膀上有特別的紋路與顏色，可用來偽裝或威嚇，如：螳螂、蝗蟲；還有翅膀特化為凹凸的紋路，摩擦發出聲響用來吸引異性或驚嚇天敵，如：蟋蟀、竹節蟲。甲蟲的第一對翅膀特化為堅硬的鞘翅，雖然不能一同振翅產生動力，但可保護膜質的後翅與柔軟的腹部。甲蟲中還有一些種類，可能因為棲息環境與習性，前翅已癒合，後翅也退化，因而沒有飛行能力，如某些步行蟲、象鼻蟲、天牛。

遭遇干擾的竹節蟲 *Onchestus gorgus*，
使用翅膀磨擦腳上的棘刺發出聲響。（澳洲）

碎斑硬象鼻蟲 *Eupyrgops waltonianus*
翅鞘已癒合，不具飛行能力。（台灣）

大蚊科（Tipulidae）的第二對翅膀特化為平衡棍。（台灣）

黃星天牛 *Psacothea hilaris hilaris* 起飛的一瞬間，可以明顯看出鞘翅狀的前翅，與膜質的後翅。（台灣）

琉璃星盾椿象 *Chrysocoris stollii* 金屬光澤的外觀，
容易被當成金龜子。（台灣）

台灣木蠊 *Salganea taiwanensis* 黑亮的外觀，
常被誤認為甲蟲。（台灣）

螳螂小時候的樣貌與成蟲相似。
（圖為馬來大巨腿螳若蟲）

甲蟲是**變態**?!

　　昆蟲是自然界中最千奇百怪的一群動物，每個類群都有特別的成長方式，與對應的專有名詞。簡單一句「昆蟲是變態」可為上課時增加樂趣，但這句話並不完整，因為每種昆蟲的變態方式都不一樣，藉出了解昆蟲怎麼變態，有助於辨識誰是甲蟲。

　　直翅類群如：螳螂、蟑螂、螽斯，與半翅目的椿象、蟬，卵孵化後稱為若蟲，若蟲外觀與成蟲相似，也棲息在同樣環境，因為沒有蛹的階段，稱為「漸進式變態」。

　　蜻蛉目的蜻蜓、豆娘、細蟌，卵孵化後稱為稚蟲，其形體與成蟲外觀差異極大，而且棲息環境亦不相同，稱為「半形變態」。

　　有時會在家中或書報堆裡發現衣魚，這是一種較原始的昆蟲。卵孵化後幼蟲除了無生殖能力外，外觀與成蟲無異，稱為「無變態」。

　　甲蟲、蝴蝶、蛾類、蚊子、蜜蜂、螞蟻，這些常見昆蟲，卵孵化後稱為幼蟲，脫皮數次後進入「蛹」的階段，之後羽化為成蟲。牠們絕大多數變得與幼蟲樣貌截然不同，成蟲與幼蟲取食不同食物或是棲息在不同環境中，因此稱為「完全變態」。

撒旦大兜蟲 *Dynastes satanas* 的三齡幼蟲，
外觀爲典型的金龜子幼蟲樣貌。（飼養個體）

撒旦大兜蟲的成蟲樣貌與幼蟲完全不同。
（飼養個體）

蝶 *Dichorragia nesimachus* 的蛹，外觀形似枯葉。（台灣）

蜻蛉類（蜻蜓、豆娘、細蟌）幼時稱為水薑，棲息在水中。（圖為薄翅蜻蜓 *Pantala flavescens* 的稚蟲）

螳螂成蟲與若蟲最大差別在於多了翅膀。（圖為馬來大巨腿螳螂）

短腹幽蟌 *Euphaea formosa* 在棲地交配後，雌蟲會潛入水中產卵。（台灣）

衣魚 *Lepisma* sp. 幼時的樣貌與成蟲無異。

花蠅 *Anthomyia* sp.
伸出牠的口器進食中。（台灣）

甲蟲一定是
咀嚼式口器

　　口器就是嘴，不同類群的昆蟲，依照其取食的方式，口器特化爲各種專用的形狀。甲蟲與螳螂、螽斯、蟑螂、螞蟻等，都是咀嚼式口器，但很多人說看不到獨角仙的大顎，那是因爲獨角仙因應其生態需求，大顎已經特化於頭部下方，類似刮除樹皮的功能。而雄性鍬形蟲的大顎則特化爲攻擊與防衛武器，所以只要外觀類似甲蟲，由口器形狀就可進一步篩選，確認是否爲甲蟲。

　　蝶蛾類的成蟲爲虹吸式口器，因不用時捲曲在頭部下方，又稱爲曲管式口器。蚊子、虻類、蟬、椿象的嘴又尖又長，以刺穿的方式吸取脊椎動物的血液、無脊椎動物的體液或植物的汁液，稱爲刺吸式口器。蒼蠅的嘴有如海綿墊，伸縮自如，進食前先吐出消化液，將食物溶解消化後再吸回，稱爲舐吮式口器。蜜蜂的嘴可以使用大顎咀嚼，小顎與下唇負責吸取，稱爲咀吸式口器。最特別的是薊馬的嘴，右邊大顎已退化，左邊大顎、小顎與下咽頭特化爲針狀，用來將植物組織刮破，吸取汁液。

蜜蜂 *Apis* sp. 在花朵間忙碌，正使用口器吸食花蜜中。（台灣）

天牛的大顎銳利無比，如同一把鋒利的鉗子。（台灣）

獨角仙 *Allomyrina dichotoma* 的大顎位於頭部下方，用來協助推刮樹皮。（台灣）

地下家蚊 *Culex pipiens molestus* 使用如吸管般的口器插入皮膚吸血。（台灣）

遭受薊馬（纓翅目 Thysanoptera）危害的植物葉面，旁邊滿滿的卵與若蟲。（**越南**）

椿象依照食性分爲素食與肉食兩大類，圖爲齒緣素獵椿 *Sclomina erinaceus* 使用刺吸式口器捕食獵物。（**台灣**）

訪花中的大鳳蝶 *Papilio memnon*，使用頭部下方細長的口器吸食花蜜，口器上還黏著花粉。（**台灣**）

爲什麼
喜歡甲蟲

　　每次與好友討論最受一般人歡迎的昆蟲時，蝴蝶毋庸置疑得到第一，甲蟲第二，竹節蟲與螳螂則不分軒輊。若以最多人飼養的昆蟲評比，甲蟲就是冠軍。原因很簡單，飼養蝴蝶由幼蟲開始，如果順利養成，需要寬廣的空間與蜜源植物，才有足夠的活動空間。嬌弱的軀體與翅膀，一不小心就會受傷或被捏碎，雖然漂亮，卻僅可遠觀不可褻玩。然而甲蟲就不同了，無論您選擇的是常見的大兜蟲（獨角仙）、鍬形蟲，或是天牛、金花蟲、步行蟲，甚至埋葬蟲、糞金龜、隱翅蟲，只要了解各個種類的食性與習性，就能在有限的空間中，飼養一定數量。甲蟲的成蟲還可以放在手上欣賞，養成的成就感與份量感是其他昆蟲無法比擬的！

左頁上圖　甲蟲外型強壯、適合放在手上玩賞、不容易受傷，成為飼養昆蟲的首選物種。（圖為亞克提恩大兜蟲 *Megasoma actaeon* 祕魯）
左頁下圖　兩隻雄性高砂深山鍬形蟲 *Lucanus maculifemoratus taiwanus* 角力的過程，其中一隻被高舉起來。（台灣）

蝶類翩翩飛舞的姿態與漂亮的顏色受人歡迎，但僅能遠觀，飼養繁殖的門檻較其他昆蟲來得高。
（圖為紅頸鳥翼蝶 *Trogonoptera brookiana*，攝於馬來西亞）

目前螳螂玩家的市場持續增加，飼養空間與食材容易取得是主因之一。
（圖為勾背枯葉螳螂 *Deroplatys dessicata* 飼養個體）

竹節蟲需要較大的飼養空間，定時更換食草，目前也有穩定的飼養人口。（飼養個體，攝於 2017 台灣昆蟲大展）

一個布丁杯即可將小型種類的螳螂，由卵孵化開始飼養至成蟲。（圖為綠大齒螳 *Odontomantis planiceps*）

在泰國北部，農閒時刻的鬥甲蟲文化，也創造出獨特產業，例如手工木製的「戰鬥台」。（泰國）

飼養甲蟲的幼蟲，只需要將瓶罐準備好，小小的空間也可以簡單養成。

拍攝甲蟲頭部成為具有藝術
與教育意義的展示海報。
（攝於台北科學教育館）

甲蟲的**發想**

　　甲蟲愛好者最常飼養的種類，是獨角仙與鍬形蟲，因為牠們強壯的犄角與大顎，是威猛的象徵！日本武士頭盔的造型，有些就是以獨角仙的頭角、鍬形蟲的大顎為形象所創造。天牛一對細長的觸角，如同中國戲曲中的扮相道具「翎子」，是用雉雞的尾羽接上孔雀羽所製成，長度超過100公分。最知名的就是呂布，頭上兩條華麗裝飾，更添俊帥與英雄氣概。瓢蟲肯定是最受女性歡迎的甲蟲，牠的英文名字為「Ladybug」，坊間有兩種講法，一為其外型如同17、18世紀，歐洲仕女穿著的「蓬蓬裙」，所以得此名稱。另一說為歐洲少女會將瓢蟲放在手上，等瓢蟲爬上指尖，展翅飛起，其飛行的方向即為未來夫家的方向。姑且不論是真是假，都讓瓢蟲變得更有故事性。全世界的甲蟲，被當成神祇膜拜的，首推糞金龜。雖然牠總是在糞便中打滾，但因推著糞球的行為，被古埃及人解釋為「將太陽推出」，成為太陽神的代表昆蟲。

用於展示甲蟲在野外樣貌的生態標本。（台灣）

總角紅星天牛 *Rosalia lesnei* 的觸角是不是
與國劇中武將的頭飾相仿。（台灣）

利用甲蟲形象創作的藝術紙雕。（**洪新富先生創作，
攝於國立自然科學博物館**）

2017台灣昆蟲大展推出限量40組的合金超極太長戟作品，馬上被搶購一空。(**購於2017台灣昆蟲大展**)

昆蟲粉絲專頁「蟲蟲帕滋 帕滋」
以雞母蟲形象製作的鑰匙圈，充滿創意。

甲蟲形象也可以是繪畫靈感的來源。(**自然野趣創作課程**)

個人最愛體色如實木般美麗的大衛長臂金龜 *Propomacrus davidi*。（飼育個體）

手長好處多 —— 長臂金龜

Cheirotonus formosanus

「台灣長臂金龜」是保育類昆蟲，也是台灣體型最大的金龜子，這是書籍與網頁最常見的介紹文。就算沒見過照片與本尊，從名字就可知道牠的手臂（前足）比一般的金龜子更長。當年為了看牠，與好友直奔新竹尖石後山，飛來的第一隻卻慘遭路殺，目擊當下注意的不是被壓扁的身體，而是幸運未被壓斷，還顫抖著的手臂。那天過後，對長臂金龜就特別注意！尤其是東南亞的大型種類。

2001年首次前往泰國，清邁夜市有數家販售標本的攤商，其中一攤的標本框裡便有長臂金龜，好友松本小聲地說：「這在泰國是保育類，不要買！要就到山上找活的。」2003年5月前往維安帕寶（Wiang pa pao）保護區，起著大霧的夜晚，我與松本坐在他家門口，看著燈具吸引群蛾飛舞，直到巨大的振翅聲響劃破寧靜，有隻大傢伙在燈上盤旋數圈後沒有落地就飛走，隱約可以看出是隻長臂金龜。當晚設定的目標蟲都沒出現，驚鴻一瞥的牠是最大獎……

隔天一早在附近檢查昨晚的落網之魚，屋簷下瞧見長臂金龜，由前足突起特徵判斷是「傑斯托瑞長臂金龜」，應該是昨晚那隻飛走的，只是當時沒發現牠停的位置，還好隔天再次檢查，才能順利拍下牠在原生環境的紀錄。

2013年前往海南島的尖峰嶺保護區，同行夥伴有三位，分別是來自台灣、新加坡與日本的竹節蟲愛好者。入住下榻飯店後，好友說晚上可在屋頂點燈，而且裝備一應俱全，聽完竟興奮的無法休息，天未黑便急忙將燈點亮。晚餐後與好友坐在燈旁，看昆蟲不斷由四面八方靠近，邊拍照邊觀察，可說是熱鬧無比！許多僅在圖鑑看過的種類，活生生在面前，就連「陽彩臂金龜」都直接飛落腳邊，連續幾天毫無冷場，讓人捨不得離開。

目前長臂金龜共有3屬14種。除「土耳其長臂金龜」產於歐亞交界處外，其它13種分布於亞洲各國。這幾年曾多次前往馬來西亞、越南、寮國、日本、印尼等國探訪，發現只有分布在琉球的「山原長臂金龜」的棲地因為是美軍基地，森林還算完整外，其它各國森林皆遭大規模開發，望著了無生機的環境，心中暗自祈禱，這些長臂金龜可以躲過劫難，在僅存的森林生生不息。

| 小知識 | 目前已知最大型種類，是產在印尼的「茶色長臂金龜」，可達8.5公分；產在歐亞交界的「土耳其長臂金龜」，則是體型最小的種類；產於中國的「大衛長臂金龜」，一對標本售價曾高達60萬日幣；而日本琉球的「山原長臂金龜」，因為棲地與當地美軍基地重疊，受到管制不易進入，可說是最難見到的種類。 |

1 每年六月至八月是最容易見到台灣長臂金龜 *Cheirotonus formosanus* 的時間點。(**台灣**)
2 土耳其長臂金龜 *Propomacrus bimucronatus* 體型嬌小，是本亞科中體型最小的種類。(**飼育個體**)
3 前一晚趨光尚未飛走的陽彩臂金龜 *Cheirotonus jansoni*。(**海南島**)
4 派瑞長臂金龜 *Cheirotonus parryi* 前足脛節中的刺狀突起，是同屬中最長的。(**泰國清邁**)
5 西瓜皮長臂金龜 *Euchirus dupontianus* 因其翅鞘上的條狀紋路而得名。(**飼育個體**)
6 產於印尼的茶色長臂金龜 *Euchirus longimanus longimanus* 為本亞科中體型最大的種類。(**印尼**)

雌蟲飛到倒下不久的樹木準備產卵。

翅鞘謎樣的花紋用處 ── 祕魯長臂天牛

Acrocinus longimanus

2008年之前,我有將昆蟲標本收藏在家中的習慣,因為是親自在各地採集,所以每件標本都有它獨一無二的身分證,上面記載時間、地點、採集者與採集方式。之後認識多位專心研究昆蟲分類的學者,看他們檢視標本的嚴謹態度,同時參觀過標本典藏庫房後,決定將手中所有標本捐出,交給相關類群研究人員或博物館存放,因為這樣才能讓每件標本得到妥善的照顧,並發揮最大的效用。當時有件標本是與同好交換得到,沒有任何資料紀錄,但外形特別,一對前足將近身體兩倍長,翅鞘花紋美麗,就算無法作為學術用途,但至少還有展示教育功能。牠是全世界已知天牛中,前足最長的「祕魯長臂天牛」。

2016年前往祕魯,一路挺進東部雨林,第一天出現的生物就已超過想像,其中趨光飛來的昆蟲裡,就有祕魯長臂天牛。發現當下,與夥伴可說是欣喜若狂,因為這是從小就知道的世界知名物種。由前足長度判斷,飛來的這隻是雌蟲。除了拍照外,亦仔細研究翅鞘上紋路的功能,夾雜數種顏色,勾勒出原住民圖騰般的幾何圖形,有特殊用途嗎?在各種沒看過的昆蟲包圍下,並沒有結論。約莫11點收燈,總共只飛來三隻雌蟲,內心帶著些許遺憾,畢竟雄蟲才有本種最重要的特色「長臂」。

隔天全員在主人帶路下,往森林深處前進。一路放眼所及都是自然壯闊的景致,樹幹橫枝皆長滿苔蘚與附生植物,搭配時有時無的雲霧,還以為自己來到仙境。我們在崩塌處改以步行,停車的位置前方斜躺一棵大樹,看樣子已有段時日,但樹皮上的附生植物狀態還不錯,所以馬上著手觀察。一種迷你原生蘭正值花期,拍照時下方樹皮竟然移動,退後一步才發現是隻祕魯長臂天牛!看它腹部末端不停收縮,極有可能在產卵,因為大部分天牛種類都是將卵產在枯倒木。這時前晚沒有結論的翅鞘花紋用途,突然解謎了!當我向後退幾步,打算取景時,突然找不到天牛在哪兒,原來是翅鞘上的花紋融入環境,變得跟樹皮一樣了,連好友在旁也嘖嘖稱奇。直到最後一天,才在枯倒木發現雄蟲飛來,記錄了超長的前足,讓此行沒有遺憾。

| 小知識 | 標本典藏的重要:許多人以為標本只有收藏或展示用途,但一件有詳細資料的標本(任何生物),對於分類研究、生態紀錄、環境認知等,都相當重要,因為是這個生物存在或曾經存在的證明。 |

由周文一博士與大林延夫教授發表的
泰雅細花天牛 *Nanostrangalia atayal* 模式標本。
（國立自然科學博物館）

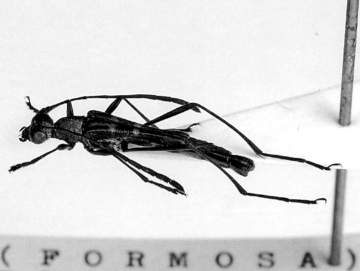

(F O R M O S A)
Palin
Taoyuan Hsien
28, IV　　1982
N.Ohbayashi leg.

nostrangula
atayal CHOU et
OHBAYASHI, 2014

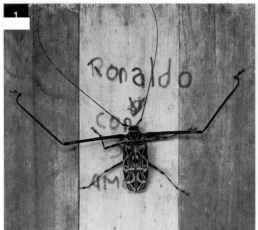

1 目前世界所有天牛中，前足最長的種類非
  祕魯長臂天牛 *Acrocinus longimanus* 莫屬。
  （祕魯）
2 剛從枯倒木中取出的長臂天牛幼蟲。
3 翅鞘上的花紋幾乎融入環境。
4 長臂天牛巨大的複眼與銳利的大顎，是不
  是讓人不寒而慄？
5 由日籍學者贈予研究單位典藏的各式甲蟲
  標本，看似雜亂的標籤，都是重要的資
  料。（國立自然科學博物館）

大黑星龜金花蟲 *Aspidomorpha miliaris* 是常見的種類，常被誤認為瓢蟲。（台灣）

我不踢人——粗腿金花蟲

Sagra longicollis

　　部分人對金花蟲應該不陌生，尤其是類似瓢蟲樣貌，外表顏色鮮豔的龜金花蟲。一群公民科學家在研究人員的組織領導下，將種類眾多的金花蟲，呈現在世人眼前。但這裡要介紹的粗腿金花蟲，與一般大眾的認知不同，這類昆蟲雖然美麗，但在東南亞國家，為被食用的種類之一。

　　第一次見到這類昆蟲是 2001 年在泰國，製作昆蟲標本框的工廠。各式昆蟲與節肢動物標本在層架上擺放整齊，等著被裝入框中，送到各地販售，其中一名工人將裝滿昆蟲的網袋，浸泡至水桶中再拿起數次，而那水色呈現灰黑，發出特別的氣味，因此好奇詢問。原來他們正在將無法馬上利用的昆蟲，做防腐處裡。老闆說網袋中的是粗腿金花蟲，在某些區域是植物害蟲，多到抓不完，所以收來做標本藝品使用。當時我心中浮現一個想法「有機會一定要去現場，看到底有多少！」可惜一直未成行，後來得知該地區已開發為大型渡假村……。

　　2015 年至馬來西亞，在好友的帶領下，來到一個低海拔山區的部落，當天下午就在該區森林中，記錄個人看過的第五種大王花，夜間也順利拍攝被蟲草菌類寄生的螞蟻，整體來說環境維持得相當不錯。隔天一早在村莊附近閒晃，好友說要帶我去看一種會夾人的綠寶石，心想：有那麼厲害嗎？跟著走到一排長滿植物的籬笆前，沒等好友開口，我就脫口而出：「粗腿金花蟲！」一隻體表散發綠色金屬光澤的昆蟲，停在豆科植物蔓藤狀的木質莖上，粗大的後腿讓人一看就可辨識。順著木質莖生長方向看去，有不正常的膨大現象，難道是書上看過的金花蟲癭？「粗腿金花蟲交配後，會將卵產在寄主植物上，幼蟲孵化後鑽入木質化的莖裡取食裡面的組織，並分泌特別的化學物質，刺激或促使其增生而腫大，形成蟲癭。最後會在蟲癭中化蛹，成蟲後才鑽出。」問題是這種蟲要怎麼夾人？好友將一隻雄性成蟲拿起，要我將手指放入後足腿節與脛節間，突然關節合起，將肉夾住，嚇到同時，好友也笑成一團。

小知識　2010 年便有蟲友在南投地區，發現粗腿金花蟲。2014 年再度有蟲友紀錄，於社群分享照片，引起甲蟲愛好者的熱議，個人也在當時南下拍攝相關生態照。2015 由金花蟲研究團隊將之正式發表為外來種，琉璃粗腿金花蟲 *Sagra femorata*。

世界體型最大、最美麗的
大琉璃粗腿金花蟲 *Sagra buqueti*。
（馬來西亞）

1 粗腿金花蟲 *Sagra longicollis* 在豆科植物膨大的木質莖上進食與交配。（**馬來西亞**）
2 成蟲會在寄主植物的木質莖上活動。（**台灣**）
3 被土繭完美包覆的大琉璃粗腿金花蟲蛹，如同藝術品般精緻。
4 卵在木質莖中孵化爲幼蟲，取食組織並分泌特定物質，造成木質莖腫大成癭。（**馬來西亞**）
5 目前認定爲外來種的琉璃粗腿金花蟲 *Sagra femorata*。（**台灣**）

數十年前很容易在淺山竹林見到的台灣大象鼻蟲 *Cyrtotrachelus thompsoni*。（台灣）

象鼻蟲的鼻子都很長?! 其實那是嘴(口器)

Curculionidae

　　小時候看到某種甲蟲,立即被其特別的外觀吸引,長橢圓的身型,跟體型相比,小的不成比例的頭部,頭部還有細長向前延伸的構造,玩伴說這是「象鼻蟲」,當時還真以為那構造是鼻子。直到母親送我昆蟲科普書籍,我才更新對象鼻蟲的印象,那根長長的是特化的口器。後來發現,象鼻蟲是一群非常「九怪」的昆蟲,原因是許多象鼻蟲的嘴,並沒有特化為長型口器,而是變成又寬又短的樣貌,讓第一次見到的人,很難明確的說出,是哪一類甲蟲。

　　2008年在泰國維安帕寶住了幾天,準備午餐後就下山。空檔與好友帶著相機閒晃。看到前方芭蕉樹,樹冠有小型昆蟲盤旋飛舞,心裡知道一定有生物可觀察,與好友快步走去。向上望去,中間新長出的葉子,外面覆蓋一層密密麻麻的白色物體,透過相機觀察,才看清是滿滿的粉介殼蟲。旁邊不停有黑亮體色的金龜子,以類似直升機在空中定點停駐的方式,吸食介殼蟲分泌的蜜露。好友松本說:「還不知道這種金龜習性前,以為是非常稀有的種類。自從發現牠們喜歡出現在有介殼蟲的樹上,就變得相當常見。」往回走的時候,不小心撞到芭蕉樹,有幾個東西掉在衣服、背包上,原以為是種子或小石子,撿起來看才發現是隻甲蟲,可能是撞擊時驚動牠,而將六足緊縮呈現假死狀態。放在掌心觀察,牠的頭部為凹型、極長的觸角,讓人無法看懂這是什麼種類,連松本也說沒看過。時間已近中午,對那隻昆蟲並沒有太多關注,互相將身上拍打清潔,便回松本家中午餐。

　　很快的回到市區,在飯店將行李攤開,借助空調將衣物除溼。這時好友大叫,這隻蟲怎麼跟下來了?這不是那隻長相奇怪的甲蟲嗎!當時掉下來好幾隻,應該都拍掉了,難道是掉進哪裡沒發現?松本說隔天他可以帶回山上,這才鬆一下氣。趁這機會仔細觀察牠的模樣,複眼竟然是長在凹型頭部兩側頂端,由正面來看,是一張極為滑稽的臉,走路時忽動忽停的行為,也相當特別,直到回台灣前,還是無法確認牠是哪種昆蟲。後來將照片寄給朋友請益,才知道也是象鼻蟲的一種,這才放下心中懸掛的疑問。

> **小知識** 象鼻蟲總科目前已知超過六萬種,包含許多個科,每個科再細分為許多亞科。牠們共同特徵之一在於頭部骨片的結構,觸角末端幾節膨大,所以看到外觀不同的甲蟲,別忘了比對一下上面提到的特徵,有可能是象鼻蟲喔!

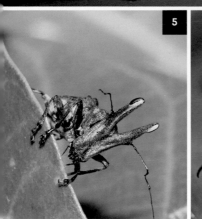

1 特化爲象鼻般的吻部，大顎在最前端。
2 長角象鼻蟲科（Anthribidae）的口器寬短，外型特別有趣。（**台灣**）
3 這隻象鼻蟲科（Curculionidae）的口器彎曲，更接近象鼻的樣貌。（**祕魯**）
4 身上閃耀著珍珠光澤的象鼻蟲。（**馬來西亞**）
5 怎麼都無法想像的滑稽外型，竟然也是長角象鼻蟲的一種。（**泰國清邁**）
6 臉色發白的長角象鼻蟲，讓人感到有趣。（**馬來西亞**）

曾經天價的烏干達花金龜 *Mecynorhina torquata ugandensis* 寶藍色雄性個體。（飼育個體）

體色千變萬化 — 烏干達花金龜

Mecynorhina torquata ugandensis

　　有一種花金龜，產地遠在非洲，體型可超過8公分，鞘翅表面具有絲絨質感，價格雖然高昂，仍吸引全世界飼養甲蟲玩家、標本收藏愛好者的目光。當時與同好聊到本種，討論的方向除了體型、體色與頭部犄角外，花最多時間的竟然都是牠的「腳」！

　　烏干達花金龜雄蟲的前足脛節（相當於人類的手臂）兩側突起，相較於其它金龜子誇張許多，成排成列的棘刺，其末端尖銳，角度為向外或朝下來看，應該是競爭用途，至於怎麼使用？當時尚未見過活體，僅能如紙上談兵般臆測。

　　幾年後烏干達花金龜較為普及，已有許多玩家飼養，我也跟風養了數十條幼蟲，但多為整隻紅褐色或褐胸綠翅鞘等一般色系。幼蟲很快長大，並在容器中製作土繭，將一顆顆土繭疊起來管理時，乍看之下還以為是皮蛋。第一次就養出超過七公分的雄蟲，同好紛紛來電討論飼養方法。其實我用的食材是鍬形蟲吃剩的木屑，與自製的高發酵木屑，以2:1方式混和，搭配一隻一瓶、恆溫26度、遮光、定期45天更換食材的基本方法。

　　這類花金龜最特別的是累代的顏色變化，少見的黑、藍、紫色，幾乎都是天價！玩家們莫不想盡辦法自己配出這些顏色。而我則埋首當年的疑問「腳為什麼長這樣？」所以在繁殖時將配對與產卵的容器分開。配對使用較大的置物箱，底層鋪上腐植土與落葉，放入較粗的樹枝，將果凍、水果固定在頂端，以模擬原生環境，再輪流放入三組，每組三雄一雌藉以觀察取食與求偶行為。最後歸納出「腳上的突起」確實與競爭、求偶有關。這類花金龜進食或護偶、交配時，若遭遇同類雄蟲干擾，會先將前足往兩邊舉起壯大聲勢，若對方還持續動作，便會以頭角使用「頂起」方式攻擊，前足則類似相撲選手的方式互相揮舞，若突起物勾到對方，便可將之摔出。體型越大，突起越誇張，獲勝的機會較大。

　　這幾年將精力全部用在世界各地的自然觀察，每次回到家，總在工作室角落換果凍、換土，而當年超昂貴的烏干達花金龜特殊色系，現在也變得平易近人。藉由飼養確實可模仿自然環境，但希望有天能親自到產地，站在樹下觀察牠們的一舉一動。

小方法｜飼養非洲產的大型花龜，例如：長角花金龜（*Mecynorhina* spp.）、巨人花金龜（*Goliathus* spp.）等種類，我習慣在土表放置少量狗食增加營養，每次半粒為佳，勿放置過量，避免滋生蟎類。

1 紅棕色的大型個體。（飼育個體）
2 前胸爲墨綠色，翅鞘藍紫色的個體。（飼育個體）
3 前胸藍帶綠，翅鞘藍帶紅棕色的個體。（飼育個體）
4 外號綠檳榔的土瓜達花金龜 *Mecynorhina torquata* 雄性個體。（飼育個體）
5 體色超華麗的歐貝魯花金龜 *Mecynorhina oberthuri* 雄性個體。（飼育個體）
6 前胸綠帶藍，翅鞘藍帶綠的個體。（飼育個體）

綠色型的彩虹鍬形蟲 *Phalacrognathus muelleri*。（飼育個體）

巨星的打扮——彩虹鍬形蟲

Phalacrognathus muelleri

17歲是青春閃耀的年紀，我將工作賺取的薪資都用來打扮自己。第一套正式服裝是在中華商場仁棟二樓量身訂製。白色絲質襯衫、黑色絲質長褲，合身剪裁（當時流行勞萊與哈台），光線照射下可反射出漂亮的光澤，穿在身上有種莫名的虛榮感。大概因為如此，第一眼看到彩虹鍬，我就深深愛上牠。

這是一種原產在澳洲的鍬形蟲，主要分布在東部雨林，全身充滿彩虹般的電鍍光澤因而得名，也是目前已知鍬形蟲中最耀眼的明星，第一次見到的朋友，莫不發出驚訝的讚嘆！1998年是台灣飼養甲蟲剛起步的年代，當時彩虹鍬形蟲成蟲價格高昂，一對（公蟲不超過5公分）即高達台幣2至3萬元，若沒有門路，有預算也無法購得，所以多數蟲友是由幼蟲入手。而我在好友信任下，一次取得兩對成蟲，條件是負責繁殖。答應後，依照經驗著手準備器材，特別挑選以青剛櫟製作的產卵木，還有作為墊材的腐植土，採購日本進口的高級昆蟲果凍。收到蟲後便分別放入不同產卵箱。為期一個半月的過程，親眼見到兩對分別交配、進食、雌蟲鑽入腐植土裡，直到開挖那天，才發現產卵木被咬得稀爛，但沒有半顆卵。當時與好友相當懊惱，同期繁殖的朋友，都已經採收到幼蟲了，難道是蟲還不夠熟？只好再次布置產房，希望得到好結果。時間一到開挖後，總共只有兩顆卵，好友失望的心情可想而知。因為不服輸又不願請教同好的個性，造成這樣的結果。深刻反省後，馬上與同好聯絡，交換彼此心得，並得到關鍵性的建議「使用顆粒較細、呈深褐色的發酵木屑作為墊材」，產卵木則是可有可無。這次將所需材料準備妥當，並依照同好建議布置，兩個月後果然開出紅盤，收到40多顆卵與30幾隻剛孵化的幼蟲，總算幫自己在飼育甲蟲過程中寫入新的經驗。

2017年總算踏上澳洲的土地，並依循圖鑑中的分布資訊，規劃東部的雨林行程。連續幾天在森林中找尋，或許是季節的因素，並未順利找到成體，僅在朽木發現類似鍬形蟲幼蟲的食痕。離開時也在心中埋下一個願望，期待再次來到澳洲尋找牠們。

小知識	很多人以為彩虹鍬形蟲是澳洲的法定保育類昆蟲，但實際上澳洲所有的動植物產製品，無論死活都不得攜出，而且國家公園境內的所有物種都是受保護，所以簡單來說，澳洲所有動植物都是受保護的。

1 紫色型的彩虹鍬形蟲。（飼育個體）
2 紅色型的彩虹鍬形蟲。（飼育個體）
3 黑色型（深棕色型）的彩虹鍬形蟲。（飼育個體）
4 正常色偏綠的彩虹鍬形蟲。（飼育個體）
5 正常色型的彩虹鍬形蟲。（飼育個體）
6 彩虹鍬形蟲幼蟲身體末端較其他種類窄。（三齡中期）

個人認為台灣保育類昆蟲中，最難找的就是妖豔吉丁 *Buprestis mirabilis*，所以蟲友間的暱稱「夭壽吉丁」也相當貼切。

飛行活寶石 —— 吉丁蟲

Buprestidae

2013年11月收到一本《日本吉丁蟲大圖鑑》，當下還摸不著頭緒，因為自己並未訂書，後來才知道是作者大桃定洋博士寄送的。記得2012年與調查團隊前往花東地區，還隨身攜帶《世界吉丁蟲大圖鑑》，因為他是該書的共同作者之一。目前世界已知的吉丁蟲約有15,000種，由牠的英文名字「Jewel Beetle」可知，這是外觀有著寶石光彩的甲蟲。在台灣也有許多種類，其中最知名的莫過於「妖豔吉丁蟲」，除了是保育類昆蟲外，更是《世界吉丁蟲大圖鑑》的封面物種！由於該種在野外難得一見，也獲得好友們共同認證的外號「夭壽吉丁」（夭壽，台語。此處意指非常難找）。對於吉丁蟲有種說不出的特別情結，這類昆蟲並不好找，要等成蟲季節與對的寄主植物，找到了也不見得能拍到好照片，因為牠的飛行能力絕佳，一不小心就前功盡棄！

第一次順利觀察吉丁蟲是在北橫，當時正在瘋找鍬形蟲，由巴陵開始將車停好，一路向東走。沿途只要發現樹葉邊緣呈鋸齒狀的植物，就停下來檢查。若剛好樹幹、樹枝有流出樹液，或是樹冠飛舞各式昆蟲就代表中獎了！那天看到一隻長條型、閃爍彩色金屬光澤的昆蟲在與鍬形蟲搶食，後來被鍬形蟲用大顎夾退，摔落至樹下。當時急忙趴倒在地、撥翻樹葉，希望看清楚牠是什麼昆蟲，幾分鐘後什麼都沒發現，正要坐起來就看牠由樹根處往上爬。那是一隻長型甲蟲，頭很小、翅鞘長，全身綠色金屬光澤，前胸與翅鞘上各有兩道發出彩紅光澤的線條。還沒仔細看完，突然前翅張開，瞬間消失在森林中。查閱圖鑑才知道那是台灣吉丁蟲中，體型最大的「彩豔吉丁蟲」。

第二次近距離觀察，是與好友一同前往清邁，在好友松本的帶領下，我們在森林中穿梭。行進間松本突然停下腳步並壓低身形，回頭比手畫腳表示：前方有生物出現，請大家注意！我們以極慢的步伐蹲走到灌木叢，慢慢看往手指的方向，一隻翅鞘由米色、寶藍色組成的吉丁蟲，正在啃食樹葉。看牠豔麗的外型就知道這是標本市場非常知名的種類，夜市、賣場販售的標本框中，一定有牠。可惜當時未將寄主植物弄清楚，以至於很難在其他地區發現，只能期待舊地重遊了。

| 小知識 | 尋找吉丁蟲最重要的季節是夏天，會流出樹液的植物樹幹，都有機會發現，我在欒樹、青剛櫟、光臘樹、柑橘樹上，都觀察過在取食的個體。吉丁蟲複眼巨大，代表視力很好，拍照時一定要小心接近，不然很容易功虧一簣，眼睜睜看著牠飛走！ |

美麗的吉丁蟲 *Chrysochroa saundersi*
停在葉子上。（泰國清邁）

3

4

5

1 彩豔吉丁蟲 *Chrysochroa fulgidissima* 是台灣最大型的吉丁蟲。

2 難得的機會快門，留下彩豔吉丁蟲飛舞的英姿。

3 因為身上有七種顏色，所以俗稱為七彩吉丁蟲 *Chrysochroa toulgoeti*。（**馬來西亞**）

4 陽光是吉丁蟲出來活動的要素。吉丁蟲 *Polybothris auropicta* 停在葉子上做日光浴。（**馬達加斯加**）

5 吉丁蟲 *Colobogaster* sp. 的金屬光澤與顏色是許多收藏家的最愛。（**祕魯**）

被蟲友暱稱爲「奇異果」的大象大兜蟲 *Megasoma elephus*。（飼育個體）

甲蟲中的橫綱力士 —— 亞克提恩大兜蟲

Megasoma actaeon

　　我的爺爺接受的是日本教育，所以我國中時期，家中電視大部分時間播放日本頻道，而每年日本相撲節目直播，便是全家同樂的重要時段。個人對這項運動最深刻的印象，是參賽力士的魁梧體型。相撲對戰的招式各有巧妙，通常體重較輕的力士，偏好四兩撥千斤的技巧，而噸位較重的力士，多半以強勁的手勁正面對決，只有最強的力士，才能奪得橫綱的至高榮譽！再來看看甲蟲的世界，也有以噸位取勝的王者，那就是產在南美洲的亞克提恩大兜蟲！

　　2001年第一次飼養國外的大兜蟲，一種是產在東南亞，體型與外型吸引人的南洋大兜蟲，另一種則是產在美洲，成蟲外型酷似奇異果的毛象大兜蟲。在飼養技術尚未突破的當時，南洋大兜多半只能養出中小型個體，而且頭胸部的犄角非常短小。但毛象大兜蟲就不同了，以鍬形蟲吃剩的廢土混和廢菌包，由卵到成蟲平均只要一年半左右，每隻幼蟲都像白白胖胖的饅頭，雄蟲隨便就能超過11公分，是許多同好的首選。但同為象兜屬的亞克提恩大兜蟲就完全不同，這是當時象兜屬中幼蟲最重紀錄的保持者。由幼蟲飼養至成蟲的時間也是重量級的，需耗時3至4年，若從國小6年級開始飼養，成蟲時大概已經升上高一了。雖然如此，牠寬厚、強壯的體型，還是吸引許多人投入飼養。2007年曾有一位玩家，提供飼養本種縮短時間的方式。以較大型的容器，使用高發酵的木屑，放置在樓頂的夾層，運用台灣季節溫度差異的方式，可將幼蟲期縮短為一年半。這聽起來也太神奇了吧！但當事人確實拿出幾隻極大個體，加上他以往飼養甲蟲的成績，這方法或許能成為大家參考的方向。

　　2016南美洲之行，我們在旅程中期來到靠近東部的城市阿塔拉亞（Atalaia），這也是附近的第一大城。當晚將誘集昆蟲的燈光點亮後，便因路程操勞而提早休息。隔天早上起床，同行夥伴舉起手說：「看看這是什麼。」沒想到就是我夢想中的亞克提恩大兜蟲！原來這片低海拔森林也是牠的棲息地，不枉長途跋涉一路顛頗，而牠雄偉的模樣，不愧是甲蟲界的力士王者。

小方法　飼養大型象兜屬幼蟲，我習慣使用K-300的箱子，底部放入老熟菌包（須將塑膠包裝拆除），再填入腐植土壓實，一次可放四隻三齡蟲，平均兩個月檢視一次，幼蟲多聚在菌旁啃食，長的又大又肥，可輕易養出大型個體，是節省預算的好方法。

1 世界體型最厚重的甲蟲是亞克提恩大兜蟲 *Megasoma actaeon*，對在地人來說就像鄰居一樣。（祕魯）

2 當晚還有另一種中型的盤兜蟲 *Enema pan* 趨光而來，天亮還沒離開，吸引小朋友駐足。（祕魯）

3 蓋亞斯大兜蟲 *Megasoma gyas* 曾經也是天價，一對三齡幼蟲高達 30 萬日幣。（飼育個體）

4 野生亞克提恩大兜蟲，胸角特別粗壯。

5 德賽提斯小兜蟲 *Megasoma thersites* 因體型小，前胸與鞘翅長有粗短毛，所以暱稱為小毛象。（飼育個體）

6 帕切克氏小兜 *Megasoma pachecoi* 因為外觀與神似縮小的戰神大兜，所以暱稱為小戰神。（飼育個體）

蘭嶼姬兜 *Xylotrupes mniszechi* 的外型相較於其他國家的種類，可說是小巧可愛。（蘭嶼）

09

聒噪愛鬧大聲公 —— 姬兜蟲

Xylotrupes gideon siamensis

　　第一次去蘭嶼是十多年前，當時還可見到耆老身著傳統服裝，赤腳漫步在路上。我們租車繞行環島公路，先熟悉地理位置，再分頭進行調查。來之前有個心願，希望親自找到蘭嶼姬兜蟲。因為東南亞的種類幾乎都養過，甚至到原產地找尋！如果台灣本土的種類沒看過，就太說不過去了！但到島上第二天接到電話，有重要急事非趕回台北不可，只能帶著遺憾離開。第二次踏上蘭嶼是隔年，同樣的團隊，熟悉的路線，接連三天的調查非常順暢，幾乎把蘭嶼前十名的明星物種全部看完，唯獨蘭嶼姬兜不見蹤影！好友開玩笑地說：「這與人品有關。」

　　第三次踏上蘭嶼是去找蘭花，第一天就找到傳說中的雅美萬代蘭，當晚也在環島公路的路燈下，發現爬向燈光的蘭嶼姬兜！與國外的種類相比，體型真的很小，但稍一靠近，那爭鬥本能馬上發揮！揚起頭、舉起前足左右揮舞，並夾雜擠壓身體發出的「嘶嘶」氣聲，向來犯者宣示主權。無奈的是路上有許多被汽機車壓扁的「路殺個體」，為避免死亡雌性的費洛蒙吸引雄性靠近，還有肉食性動物取食屍體，可能造成的二次路殺，於是我們沿路撿拾，將之移置路邊，也為這個心願畫上句點。

　　泰國清邁每年8至10月，可在路旁小賣店見到特別的景色「甘蔗窗簾」。這是一門獨特的生意，先將鐵線穿過約30公分長的甘蔗，再用一條紅線繫在上頭，另一端綁在姬兜蟲的胸角，成排待價而沽的樣子就像窗簾。鬥姬兜蟲是清邁特有的傳統文化，每年只舉辦一次，是農村很重要的休閒活動。有的人會去山上抓，有的人則到賣店挑選，六肢健全、體型大、夠兇悍才能得到青睞。為了參與這有趣的盛會，專程去過好幾趟，雖然見到許多店家販售，可惜從未能參與正式比賽。終於在2009年9月一個小鎮的傳統市場路邊看到一場小型的比賽，不少人圍觀，可以隨意押注，但多為10至50泰銖。在特製的木頭戰場上，放入雌蟲，刺激兩隻雄性爭奪慾望，參賽者還以小棒子旋轉製造震動，讓牠們更暴躁，增加攻擊性！希望有機會能真正參與比賽，體驗這世界獨一無二的「鬥姬兜」文化。

小故事　曾看過生態頻道介紹泰北這項鬥蟲文化，凡是抓來或買來的姬兜蟲須接受訓練，每天帶去散步，讓牠拉比較重的東西，來增強體力，當時覺得這也太厲害了！後來在當地詢問這件事，販售業者與玩家表示訓練甲蟲是無稽之談，每天讓牠吃飽、養在陰涼的環境才重要！

1 神山國家公園趨光飛來的小型姬兜蟲 *Xylotrupes* sp.。（婆羅洲）
2 這幾年才在金門大膽島發現的翹角姬兜蟲 *Xylotrupes* sp.。
3 外型強壯的犀角金龜 *Trichogomphus martabani*，蟲店取名為恐龍兜。（**泰國清邁**）
4 路旁雜貨店將各種體型的姬兜蟲 *Xylotrupes gideon siamensis* 綁在甘蔗上販售。（**泰國清邁**）
5 逗弄姬兜生氣的「逗蟲棒」與對戰使用的木製戰鬥台。（**泰國清邁**）
6 路旁小賣店牆上貼滿姬兜戰鬥大會的海報。（**泰國清邁**）

3

4

5

6

漆黑鹿角鍬形蟲 *Pseudorhaetus sinicus concolor* 是台灣鍬形蟲中體表最具鏡面光澤的代表。（台灣）

10

光可鑑人的鋼琴烤漆 —— 大黑豔鍬形蟲

Mesotopus tarandus

　　連續幾年在各地擔任生態營隊講師，最容易吸引孩子注意力的方法就是拿出活體，只要活生生的動物出現，總能讓孩子瘋狂尖叫、搶著觀察。但我的課程特色爲不帶任何生物，只以照片或影片介紹，這是避免同學只想玩蟲，無法專心聆講的小方法，當然在課程內容就要更花心思，避免同學覺得枯燥無味。每次我在課堂上都會提到大黑豔鍬形蟲，因爲牠的外觀與行爲總能吸引大小朋友仔細聆聽，最後哄堂大笑！

　　產於非洲的大黑豔鍬形蟲是相當受到玩家歡迎的種類。強壯彎曲的大顎、體表宛如鋼琴烤漆般的光澤、令人咋舌的價位，是大家對牠的初期印象。其實牠最特別的不只如此，這種鍬形蟲遭遇干擾時，身體會發出如同手機的震動來警告對方，不要再越過雷池一步，這是目前世界已知鍬型蟲中，唯一具有這樣行爲的種類。當時還有另一亞種「皇家大黑豔鍬形蟲」，與本種最大的差異是大顎較直。後來有人認爲，兩種大顎差異在變異範圍內，其他部分無明顯差異，應該視爲同種。當年剛引進台灣時，我也飼養過一對，以正常的方式布置產卵環境，擺放一段時間發現，雖然產木有被啃咬的痕跡，但並無任何卵粒。向日本玩家請教才知道，要使用特別菌種的產木，如靈芝菌或雲芝菌。不久後即有業者引進「沙埋靈芝產木」、「活菌產木」。沙埋靈芝產木與一般產木類似，帶樹皮且外表較硬，價格比一般產木貴上兩倍。而原先想不透的活菌產木，看到實品才知道，產木表面覆著滿滿的白色菌絲，以眞空方式包裝，兩小根就超過千元。玩家爲了破解本種，無不砸下重金，一時之間供不應求！實際使用後，確實突破產卵這關，但每次採яं量多爲個位數。突破產卵這關後，普遍都可養出成蟲，只是多爲中小型個體。後來養殖技術突破，使用雲芝菌瓶即可充當產木使用，但母蟲偏好較老的菌（放久一點），若使用新菌，產卵率極低。

　　（全場哄堂大笑的原因，被這種鍬形蟲的大顎夾到，會有生不如死的感覺，因爲牠會邊夾邊震動！眞的痛到跟著震動流眼淚。）

小知識　大黑豔鍬形蟲爲非洲大陸目前已知鍬形蟲中，體型最大的種類，雄性個體紀錄爲93mm。這幾年飼育技術提升，人工繁殖的個體，只要溫度與食材控制得宜，體長也能輕易突破80mm。

大黑豔鍬形蟲 *Mesotopus tarandus*
體表具有如同烤漆鏡面般的光澤。（飼育個體）

11

1 產於澳洲東部的瘤擬步形蟲 *Zopherosis georgei*，外表的瘤狀突起真的非常特殊。（澳洲）
2 麵包蟲的幼蟲與蛹是非常重要的昆蟲餌料。
3 在水族館或寵物店放置麵包蟲的飼養箱，常有機會發現成蟲。
4 在手電筒下反射出青藍光澤的擬步形蟲 *Eucyrtus annulipes*。（馬來西亞）
5 停在樹幹上，身體扁平的擬步形蟲 *Catapiestus subrufescens*。（台灣）
6 乾燥砂質環境中棲息的擬步形蟲 *Pterohelaeus* sp.，外型也相當特殊。（澳洲）

偽瓢甲蟲 *Eunorphus* sp. 在樹幹上活動的個體。

我也是養生高手──吃眞菌的甲蟲
Coleoptera

　　有次與好友聊到飲食養生，大家紛紛提出各自見解，唯有說到眞菌類食材，所有人一致贊同，因爲它是集高纖、低熱量、多醣體於一身的好食材！這時憶起2015年某次在南部的調查，知道白蟻也喜歡吃眞菌種眞菌，所以向大家分享：「與日籍學者在墾丁低海拔山區發現白蟻巢穴，由地底挖出一顆直徑約15公分的球狀物，當時只覺得表面滿滿坑洞，像顆長了白色菌絲的咖啡色隕石。後來才知道這叫做「菌圃」。白蟻也有農業行爲，菌圃就是牠們的農場，種上去的是雞肉絲菇，供給白蟻重要的養分。」一位好友聽完後，提起不只白蟻有農業行爲，甲蟲中也有喜愛吃眞菌類的種類，與養眞菌的高手喔！

　　森林中很容易見到眞菌類，多半長在枯倒木上，其中有一類常被誤認爲靈芝，外型又厚又寬，背面爲棕褐色，腹面是乳白色。曾有人說猴子會坐在上面，所以俗稱「猴板凳」，是多孔菌的一種。見到它，我都會特別蹲低觀察，因爲有各種不同的甲蟲在上面生活，所以廣義的稱爲蕈甲蟲。曾在宜蘭山區，一截約兩公尺高的立枯木，上面的多孔菌停著大蕈甲成蟲，菌的底面似乎有被啃食的痕跡，仔細檢視後發現疑似大蕈甲的幼蟲，以體型來看應該是各齡期都有，推測整個生態過程是在上面完成。南投山區，同樣立枯木上發現長滿某種小孔菌，枯木根部布滿白色粉狀物，蹲下查看，腹面有多隻球蕈甲在活動，但未發現幼蟲。在東南亞國家的森林中，數次找到常被誤認爲瓢蟲的「僞瓢甲蟲」，停在多孔菌腹面，經過觀察，發現牠們長期處於不動的狀態，但可以肯定與多孔菌有密切關係。

　　有一種甲蟲體型很小，若不仔細看，通常被當作小蒼蠅。牠們在森林利用生病或即將死亡的樹木，由樹木發出具有化學物質的氣味，找到後便鑽入韌皮部或木質部，整個生活史在木頭中完成，這就是小蠹蟲。小蠹蟲中有一群專門以眞菌爲食，被稱爲菌蠹蟲。牠們將菌種帶在身上的特別構造「儲菌器」裡，找到適合的木頭就開始種植，自己培養並取食該菌，兩者間是否有互利共生關係，由攜帶與取食的關係就能看出。

小知識	走到森林環境中，若有枯樹幹或倒木，可以仔細看看樹皮已脫落的部分，常有很特別的放射狀紋路，比起祕魯的世界奇景「納茲卡線」有過之而無不及。這些神祕有趣的紋路被稱爲蝕紋，就是蠹蟲所造成，所以將牠們稱爲自然藝術家也非常貼切喔！

1 體色鮮豔的偽瓢甲蟲 *Eumorphus* sp. 倒掛在俗稱猴板凳的蕈類底面。（婆羅洲）
2 在蕈類上活動的大蕈甲蟲 *Episcapha* sp. 與同屬的幼蟲，旁邊蕈傘腹面有被啃蝕的痕跡。（台灣）
3 小孔菌上聚集爲數可觀的小型大蕈甲蟲 *Neotriplax* sp.。（台灣）
4 樹幹上活動的大蕈甲蟲 *Encaustes* sp. 體色花紋鮮豔。（海南島）
5 枯死木上活動的長小蠹蟲亞科（Platypodinae）甲蟲。（台灣）

小蠹蟲在樹皮與木質部中的食痕，
如同天然的藝術創作。（台灣）

火邊螺步行蟲 *Mouhotia planipennis* 這個角度可以看出非常標準的葫蘆身型。（泰國清邁）

百米狂奔高手── 步行蟲

Caraboidea

　　聽到「步行蟲」這個名詞，依照字面解釋為走路的蟲。自然觀察經驗告訴我，這是一群走路速度相較於其牠甲蟲更快的蟲，當牠們遭遇干擾，生命受到威脅而全速前進時，可用飛快來形容。一般人很難分辨步行蟲的樣貌，大概是因為還沒看到牠，就已經快速躲起來。大眾較容易接觸的步行蟲資訊，通常是在國家公園、林務單位、自然教育中心所懸掛的保育類動物海報，因為受保護的昆蟲中，「擬食蝸步行蟲」也位列其中。雖然2009年已由保育類名單移除，但因其體型是台灣已知步行蟲中最大，配上豔麗的體色，所以仍舊受到矚目。

　　目前步行蟲科已知超過四萬種，是昆蟲中的大家族，為肉食性，多半在夜間活動。其中包含俗稱帶路蟲的虎甲蟲（虎甲），與俗稱放屁蟲的炮步行蟲（炮步甲）。虎甲蟲中最常見的是以往被稱為八星虎甲蟲的「貝氏虎甲蟲」，在郊山步道，溪邊都容易見到。只要我們靠近，牠就會向前飛或跑一小段距離，感覺上很像帶路，其實是被干擾而逃跑。有幾次夜間觀察發現，牠會停在低矮的植物上不動，若是驚動牠，則會馬上狂奔躲藏。牠的幼蟲在泥地鑽洞，將身體朝下，頭就像深棕色的蓋子，頂在洞口，若有小昆蟲經過，會以迅雷不及掩耳的速度竄出洞穴，咬住獵物後拖進洞中享用。記得小時候，喜歡與玩伴在山邊小路找尋虎甲蟲的幼蟲，只要發現蹤影，就用樹枝或小草插入洞裡，等牠咬住再快速拉出，就像釣魚一樣，相信是很多朋友的成長記憶。

　　炮步行蟲不常見，特別去找也不一定能發現，但牠可不是好惹的角色！只要將牠逼近死胡同，想用手去抓，就會被牠用腹部末端噴出的化學武器攻擊。與炮步行蟲有一次比較特別的接觸經驗，2015年陪同學者在南部田野調查（事先申請學術調查許可），該次地埋陷阱使用多種動物糞便與腐肉，隔天下午回收整理時，引誘物為腐肉的陷阱中，皆出現中大型的炮步行蟲，這是多次調查以來，首次出現的種類，以鑷子夾取牠時，突然杯中一陣煙霧，夾雜嗆鼻的酸味，原來我觸動牠的防衛機制，幸好有保持一定距離，不然被噴到眼睛，可就危險了。

小方法　依照自己的經驗，不利用腐肉陷阱找步行蟲的方法有幾個，例如林道夜間比起白天，更容易遭遇逛街的個體；撥開森林底層或樹幹旁的落葉，多半有小型步行蟲在其中覓食；翻起朽木與石頭，常能發現牠們躲藏其中。只要細心觀察，就不難找到。

擬食蝸步行蟲 *Carabus nankotaizanus*
頭部與前胸泛著酒紅色金屬光澤，
是大型又美麗的種類。（台灣）

圓胖身型的象鼻蟲，口器則是非常細長。（台灣）

加料無賞——米象鼻蟲

Sitophilus oryzae

　　當兵時下部隊到金門第二天，因爲曾在餐廳學習廚務，所以被挑選至營部連級單位服務。初期三個月都待在伙房，每天與學長共同料理近 200 人伙食，閒暇時刻多用來學習新菜色，還有整理庫房，其中檢查麵粉與白米最爲重要，萬一出差錯，伙房相關人等都會受到處分！大鍋飯並不好煮，一早先將米洗好泡水，半小時前在大鍋煮水，煮滾後將米倒入，用大鏟開始不停的攪拌翻動，避免鍋底燒焦。直到再次煮滾，馬上用水瓢將多餘的水挖盡，白米堆成山丘狀，蓋上鍋蓋悶上 20 分鐘才算大功告成。其中一個環節出錯，會讓米心未熟透或變得像粥。某天中午，學長在旁看著我煮飯，突然大喊：「完蛋了！」語畢便將大鏟搶去，從大鍋中挑起一個小黑點！「這鍋飯要重新煮過，裡面有米蟲！」當下衝進庫房，將有問題的米搬出，開一包新米，再三確認是否有米蟲，手忙腳亂下終於度過被米蟲打亂的一天。

　　我們說的米蟲通常指「米象鼻蟲」。成蟲會在穀物上產卵，卵孵化後的幼蟲便以穀物爲食，並在其中化蛹，整個生態過程都在穀物中完成。主要危害的是白米、糙米，還有玉米、小麥等穀物。農業社會時期，米飯中有幾隻米蟲不算什麼，大部分人還會打趣地說：「那是黑芝麻」或「補充營養」。當過兵的朋友應該也不陌生。但當時所屬部隊的伙房，還必須供應營部長官三餐，所以衛生條件要求相對嚴格。後來白米泡水後皆必須重複檢查，以確認沒有「天然加料」。

　　以現在的衛生條件與包裝技術，遇到米蟲的機會微乎其微。某天一位好友發來訊息，大意是白米中有黑色的點點跑來跑去，是不是有毒？這米還可以吃嗎？之類的問題。看完後馬上判斷黑色點點應是米象鼻蟲，當下建議將米放到冷凍庫兩小時，待蟲凍死後，在每次煮食前仔細掏洗，蟲體浮起再撈除即可。好友擔心死在米中的幼蟲怎麼辦？當下回覆：當作自然添加的動物性蛋白質就好了。兩天後，好友將米送到家中，並表示這麼棒的營養一定要與好友分享……

> **小方法** 小時候常看奶奶將買來的米放到冰箱上層冷凍，還以為米一定要冰過才能吃。後來才知道，那個年代的米是放在開放空間販售，買多少才裝多少，如果不先冷凍，將蟲卵或幼蟲凍壞，放著就會長出米蟲，這也是長者的智慧。

體型非常小的米象鼻蟲 *Sitophilus oryzae*，
常被暱稱爲「黑芝麻」。（台灣）

1 看到家中米缸出現米象鼻蟲，馬上拿起相機拍攝記錄。

2 專門蛀食棕櫚的象鼻蟲 *Rhynchophorus vulneratus*，牠的幼蟲被在地人當成美食。（婆羅洲）

3 體型與米象鼻蟲不遑多讓的小型象鼻蟲正在傳宗接代。（台灣）

4 翅鞘已經癒合，無飛行能力的白點球背象鼻蟲 *Pachyrhynchus chlorites*，是保育類昆蟲。（台灣）

5 體色鮮豔的象鼻蟲，鞘翅瘤狀突起與苦瓜非常相似。（祕魯）

大麗菊虎 *Themus explanaticollis* 前胸兩側的橘色斑紋，與金屬色鞘翅形成強烈對比。（台灣）

菊花台上的老虎？──菊虎

Cantharidae

世界已知的菊虎約有5000種，台灣目前共有180種（包含三個亞種），專攻這類群的研究人員不多，所以許多資料與發現故事，都是藉由一位年輕學者──蕭昀開始。之前找這類昆蟲，一定選擇樹冠層或高處盛開的花朵，直到聊至有關菊虎的生態習性，說起大屯山才想到，每年蝴蝶季時，在路旁的野當歸盛開，上面聚集各種昆蟲，其中就有不少菊虎！

2017年參與生態外景節目，與柳丁哥哥、崇瑋老師擔任共同主持人，我們跑遍台灣各地，向大小朋友介紹有趣的生物。其中一集來到烏來，很快地將大部分設定的植物、動物拍攝完成，但導演認為這集的物種，缺少讓人眼睛為之一亮的感覺，希望能再努力一下，讓內容更加生動。與劇組討論後，便開始地毯式搜索。不久，柳丁哥哥在前方大喊：「找到了！」大家一起趕到現場，看他蹲在地上，小心翼翼地看著花上的昆蟲。導演讓攝影組先拍攝該昆蟲的行為，並要求共同主持人確認相關資訊。因為昆蟲身上顏色豔麗，劇組人員也跟著討論，甲蟲、瓢蟲、金龜子等答案此起彼落。這時問柳丁哥哥：「你覺得牠是哪種昆蟲？」柳丁哥哥想了一下說：「外型看起來是甲蟲，頭上一對細長的觸角，大顎非常發達，應該是天牛吧！」我說：「分析的很好，答案也非常接近，但不是天牛。」這是一種肉食性昆蟲，叫做大麗菊虎，也是台灣已知菊虎中，體型最大的種類，每年春夏是成蟲季節，主要在花朵上活動，獵食小型昆蟲維生。這時導演走過來：「這個漂亮，這集終於有了主角！」

春末至夏初常有機會遇到這類甲蟲，因為體型較小，動作又快，除了剛好發現值得紀錄的行為，或漂亮種類，並不會特別注意。是因為有學者開始專心研究，並不時分享相關資訊，後來無論去到何處，只要發現類似菊虎的昆蟲，便會特別拍照或採集。某次與研究團隊到高海拔山區調查，網中出現幾隻菊虎，採集後交給研究者，兩天後得知，這是「梨山異角菊虎」，是該地區的第一筆採集資料，主要特徵是觸角基部形狀特殊，亦讓我對本種留下深刻印象。

小知識　這幾年在研究人員的努力下，陸續由野外採集的個體，與檢查來自世界各地典藏機構的標本，發表多個新種。突顯田野調查與標本採集的重要性，若沒有這些資料，很多生物可能還沒被發現，就因為棲地環境破壞、氣候劇烈變化而消失。

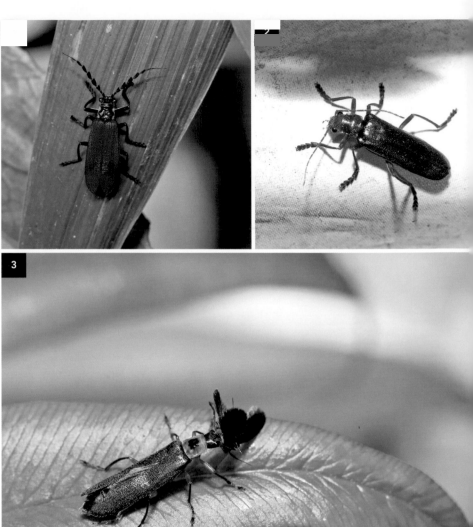

3

1　角鬚緋異菊虎 *Lycocerus nigricollis* 體色鮮豔，似乎警告意味濃厚。(台灣)
2　夜晚趨光的黛青麗菊虎 *Themus pallidipes*，非常穩定地停在白布上。(台灣)
3　停在蕨葉上捕食昆蟲的 *Taiwanocantharis tripunctata* 三點台菊虎。(台灣)
4　夜觀時，發現停在樹幹上的郭公蟲 *Xenorthrius prolongatus*。(台灣)
5　棲息於墾丁海岸林的台灣長郭公蟲 *Opilo formosanus*，夜晚趨光至研究站的路燈下。(台灣)
6　身上長滿金色細短毛，斑紋五彩燦爛的郭公蟲 *Omadius tricinctus*。(台灣)

這次田野調查最重要的目標——隱斑瓢蟲 *Harmonia yedoensis*。（台灣）

人見人愛的淑女蟲──瓢蟲

Coccinellidae

　　2016年3月收到師大生科系林仲平教授一則訊息，大意是：6月份來自京都大學的大澤教授，準備前往阿里山調查，目標是一種特別的瓢蟲，我是否有空陪同。當下翻閱行事曆，確認該周空檔，便將時間預留。心想，這麼好的學習機會，就算有事也要排開！很快地6月到了，在學校門口接兩位教授後，便直奔嘉義（事前申請學術調查許可）。路程上聊起調查目的，原來有種瓢蟲在1965年4月採集於阿里山地區，但之後數十年皆未有任何發現與紀錄。大澤教授希望能找到，以確認該物種確實存在。正擔心阿里山範圍如此廣闊，猶如茫茫大海！要怎麼找起？發問後得到明確答案「要找到吃松樹的蚜蟲！」原來這種瓢蟲有專食性，只吃在松樹上的蚜蟲。心想鎖定松樹就簡單多了，殊不知肩膀與手臂的磨難，才要開始！

　　隔天一早，以阿里山周遭為調查重心，凡是松樹都要採樣檢查，這類採樣俗稱「抖樹」，不需剪枝斷葉，只要將網子套上目標枝條，以搖晃的方式把昆蟲抖落即可。由車上拿出長達10公尺的竿子，扣上直徑達80公分的網框，專業的裝備連大澤教授看到都十分滿意。沿路的調查可謂相當順利，幾乎將道路兩旁的松樹都調查一輪，可惜目標物並未現身，只好回到住宿地點休息。第三天決定往較高海拔前進，目標鎖定2,500公尺以上區域，路程上還是隨機停下，挑選幾棵松樹採樣，增加調查的廣泛度與樣本數，雖然如此，一樣毫無斬獲。一行人士氣有些低迷。突然間大澤教授站起來揮舞雙手，要我快點過去，並示意帶著長竿網子。來到樹下，教授說看到這棵松樹，有些小型昆蟲飛舞，應該很有機會發現目標物種。話還沒說完，我就已經開始操作，第一網收回後，大家充滿期待在網內搜尋，果然目標「隱斑瓢蟲」出現！當下士氣大振，在這棵松樹上，找到數隻成蟲與一隻幼蟲，讓這次的調查活動圓滿成功。這次隱斑瓢蟲的再發現，由林教授撰寫成正式論文，發表於《台灣昆蟲期刊》36卷。回想起來，那幾天在山上操網採集，造成肩膀與手臂肌腱發炎，但能為學界貢獻一點心力，這一切也都值得了。

小知識	目前在台灣紀錄的瓢蟲超過220種，是不分男女老幼都喜愛的昆蟲。瓢蟲還有分食性喔！外表鮮豔充滿光澤的喜歡吃肉、外表好像絨布般霧面的愛吃菜、外表為黃色或淺色就可能是吃蕈類的，不要忘了喔！

個人首見的瓢蟲群聚化蛹。(台灣)

1 肉食性的瓢蟲幼蟲捕食蚜蟲。（台灣）
2 研究成果論文中也描述本種幼蟲的樣貌與
　食性。（台灣）
3 六條瓢蟲 *Cheilomenes sexmaculata* 前胸與
　翅鞘的花紋多變。（台灣）
4 梯斑瓢蟲 *Oenopia scalaris* 顏色對比相當
　美麗。（台灣）
5 這次阿里山的調查也順利記錄四條裸瓢蟲
　Calvia quadrivittata。（台灣）

該種紅螢的雄性成蟲，除體型較小外，體色鮮豔不遑多讓。（婆羅洲）

怎麼可能是甲蟲 —— 沙巴三葉蟲紅螢

Duliticola sp.

　　早年第一次來到婆羅洲沙巴的神山國家公園（Kinabalu National Park）總部，路況差、路程又遠，是件非常辛苦的事。還沒開始自然觀察，人就已經累垮了！幾番折騰後終於到達下榻民宿，以為可以鬆一口氣了。沒等我休息，好友說：「走吧，帶你去散步熟悉環境，順便看能不能找到牠。」不過，好友並沒有打算告訴我「牠是誰」，看來是準備賣關子了。

　　由民宿到國家公園入口約10分鐘，步上斜坡後被壯闊的山勢吸引，原來這就是京那巴魯山，而婆羅洲最高點羅氏峰（Low's Peak，海拔4,095公尺）就在眼前。

　　跟著好友由園區主要道路，轉進一條不留意就會錯過的入口。這是一條泥土裸露，但兩旁植物相當豐富的步道，木製的告示牌幾近腐朽，無法辨識步道編號。好友看出我的擔心，直說跟我走就對了，不用看地圖啦！原本專注拍攝蘭花的好友突然說：「阿傑快來，牠出現了！」我馬上靠過去。一隻全身黑亮、身體邊緣為血紅色、左右兩側有許多突起物，狀似史前「三葉蟲」的奇妙生物正緩緩移動。由於實在太特別了，我整個人直接趴倒在地觀察牠的構造。前端小小的應是頭部，其後三節左右橫向擴張，感覺是昆蟲的前胸、中胸、後胸，後方類似戰車履帶形狀，難道這是某種我不知道的昆蟲？當下想破頭，也無法憶起跟牠相似的種類，好友告訴我，牠的英文名字是Trilobite beetle，直譯為「三葉蟲甲蟲」，屬紅螢科的種類。這類最特別的是雌雄的幼體外觀一樣，但成蟲後，雌蟲維持幼蟲的樣貌，雄性成蟲則是長出翅膀，成為我們常見的樣貌。當下可說是嚇呆了！因為之前看過的紅螢，體長頂多1公分，從沒想過能遇到這麼大的種類。

小知識	這類特別的甲蟲不一定要到雨林才能看到，成蟲維持幼蟲型態的甲蟲，台灣也有喔！雌光螢科目前台灣紀錄五種，雄性成蟲有翅可飛行，但不發光。雌性成蟲無翅，維持幼蟲型態，會發光求偶。

山窗螢 *Pyrocoelia praetexta* 體色對比美麗，
是台灣最大型的夜行性螢火蟲。（台灣）

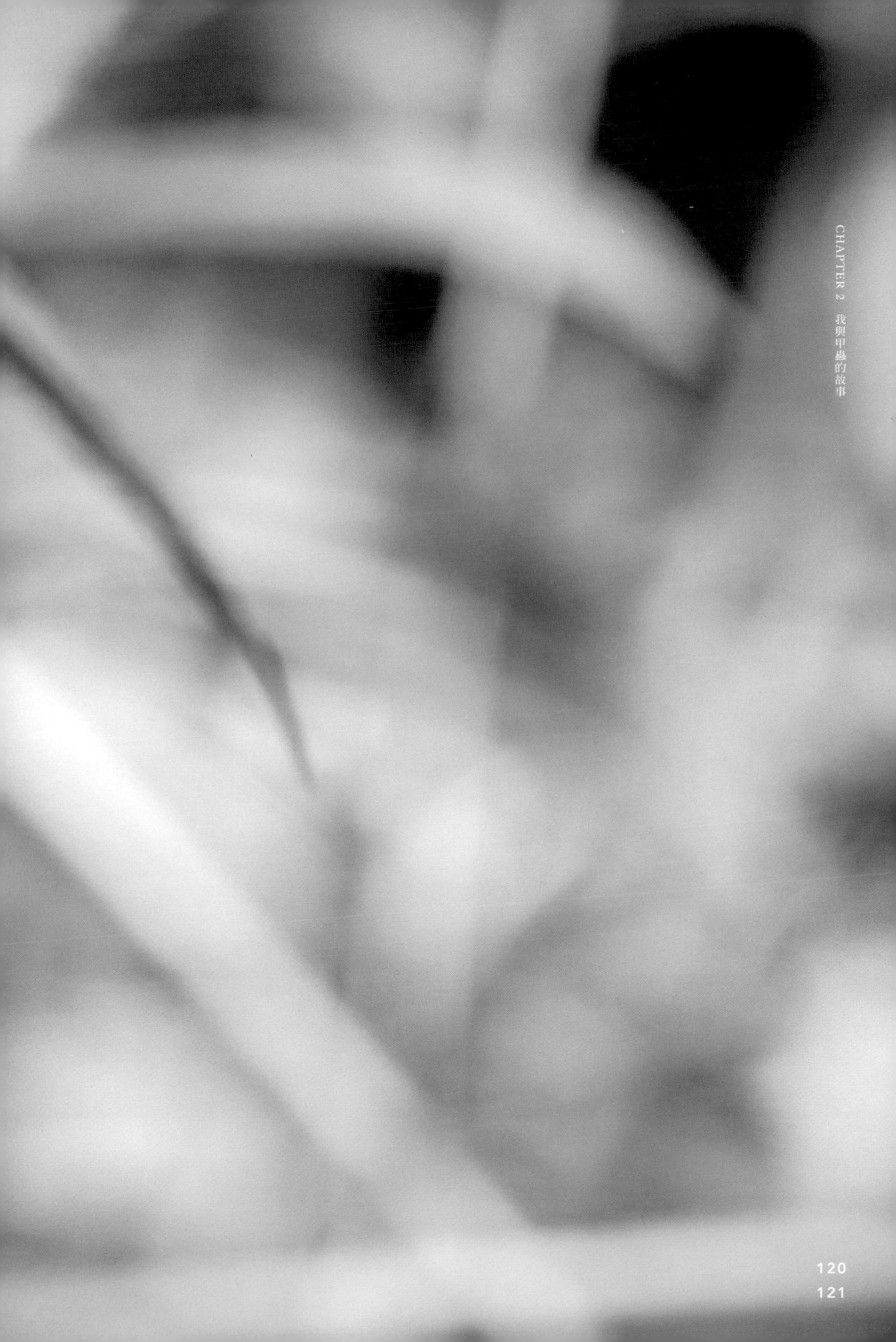

1 外觀與體色讓人為之驚豔的紅螢 *Duliticola* sp. 雌蟲，一般大眾很難相信這也是甲蟲。（婆羅洲）

2 低海拔保令溫泉發現另一種紅螢雌蟲，但體色與枯葉相似。（婆羅洲）

3 螢火蟲幼蟲似乎想捕食斯文豪氏大蝸牛。（台灣）

4 黑翅晦螢 *Abscondta cerata* 在葉子上靜靜地發出光亮，吸引異性前來。（台灣）

5 美麗的螢光閃閃，是螢火蟲季最吸引人的景象。（台灣）

17

CHAPTER 2　我與甲蟲的故事

琴蟲 *Mormolyce sp.* 因其外型與小提琴非常類似，英文俗名為 Violin Beetle，也是中文俗名的由來。（馬來西亞）

外型特異 —— 提琴蟲

Mormolyce sp.

　　早期，一有空就在台北木生昆蟲館與蟲友談天說地，或是幫忙整理昆蟲與標本，這也是第一次看到琴蟲。當時置物架上滿滿的標本箱，將最上層的那箱取下，拭去灰塵順便欣賞排放整齊的標本。其中有隻昆蟲吸引我，整體類似深棕色的小提琴，身體後半部整個膨大，卻扁得幾乎可用薄如蟬翼形容。當下向館方徵得同意後，將蟲以逆光的方式仔細觀察。原來扁平膨大的是牠的翅鞘，薄到可以透光，從背面可以見到四隻腳的剪影。再換個角度，翅鞘凹凸有致的紋路如精雕細琢的藝品，讓我看得入神。館內工作人員余姊說：「很特別吧，這是琴蟲，也是甲蟲喔！」那天起，琴蟲的樣貌便刻畫在腦海。

　　開始攝影後，由生態攝影集的文字介紹，粗略了解琴蟲的棲息環境與習性，便在心中許下願望，一定要在野外找到牠。2011年至馬來西亞彭亨洲，在當地好友帶領下，前往接近吉蘭丹（Kelantan）地區的森林，主要目的是拍攝大王花。回程時好友帶我離開步道，走進沒有路的森林，雖不至於披荊斬棘，但也不好走。莫約一小時的路程，他開始放慢速度，一路檢查橫倒的木頭，尤其是長出俗稱「猴板凳」的蕈類，會讓他停下腳步仔細觀察。不一會，好友指著樹皮說：「你沒看到嗎？」一隻狀似小提琴的昆蟲，停在幾乎同色的樹皮上，當下我幾乎跳起來興奮大叫。琴蟲喜歡在倒木或大型蕈類附近活動，並且以倒掛方式停在上面，為肉食性，依照牠細長的頭部判斷，應該是方便在蕈摺裡捕食昆蟲，而扁平的外觀則是容易躲藏在樹皮或裂縫處。琴蟲在整個觀察過程幾乎沒有移動，也沒有任何行為，猜測應該是夜間活動。不過，好友提醒，這山區還有老虎，為了避免發生危險，我們只好在日落前離開森林。（目前尚無本種幼生期的觀察紀錄。）

| 小故事 | 傳說當年發現這種甲蟲的人，覺得牠長的太神奇了，到底是為了什麼，讓頭部這樣細長，身體如此扁平！於是放在手上仔細觀察，突然間提琴步行蟲由腹部末端噴出具腐蝕性的化學物質，造成他一邊眼睛失明。先不管故事真假，若有機會觀察這類甲蟲，請注意安全！ |

1 停在大型蕈類腹面的琴蟲 *Mormolyce* sp.。（馬來西亞）
2 由側面拍攝可知琴蟲身體扁平的程度超乎想像。（馬來西亞）
3 雖然數次在馬來西亞低海拔森林目擊琴蟲，但對牠幼生期還是一無所知。（馬來西亞）
4 頭部兩側巨大的複眼，與細長的觸角。（馬來西亞）
5 琴蟲的分類，可由前胸背板的邊緣的形狀做初步辨識。（馬來西亞）

個人認爲赫克力士長戟大兜蟲 *Dynastes hercules* 是所有種類中，體型比例最漂亮的。（飼育個體）

無比強大的 —— 長戟大兜蟲

Dynastes lichyi

　　記得國小時在日本的生態書籍上，就讀過世界最大的甲蟲。書中內容說牠們不僅體型大而且力大無窮，研究的學者便以希臘神話中的大力士「赫克力士」爲其命名。書上中文名稱爲「大力士兜蟲」或「大力士獨角仙」。幾年後再次看到資料，同樣的物種，中文名稱已改爲「長戟大兜蟲」，長戟兩字非常符合對這類甲蟲頭角與胸角的形容，之後名稱也一直沿用。直到甲蟲王者卡片機在台上市，因爲好玩有趣，還能收集各種限量卡片，馬上造成旋風，其中的「赫克力士青藍大獨角仙」更是限量逸品，一時之間，中文名稱就變成「赫克力士大兜蟲」了。其實這些名稱都是中文俗名，要怎麼用都沒問題，只要順口、知道是什麼就好。眞正的學名是拉丁文 *Dynastes hercules*，赫克力士就是種小名的音譯。

　　長戟大兜蟲由北美洲的墨西哥，一路往南分布到中美洲與南美洲，部分加勒比海的國家也有分布，學者依產地不同，比對體長、特徵、顏色等差異，將之處理爲許多亞種。舉例來說，整個中南美洲廣泛分布的一種長戟大兜蟲，因頭角的突起數與位置，還有末端呈片狀等特徵，有異於最初發表的型態（稱爲原名亞種，學名：*Dynastes hercules hercules*），因此被發表爲 *Dynastes hercules lichyi*，中文稱爲赫克力士大兜蟲的利奇亞種，玩家簡稱爲「DHL」（不是國際快遞），各地發現的族群依照此法，皆發表爲亞種。

　　以上的分類狀態維持非常久，直到曾在東海大學林仲平教授研究室（目前任教於師範大學）攻讀碩士，並發表「台灣深山鍬形蟲族群形態及遺傳變異」的論文，其後出國深造的黃仁磐博士，在美國密西根大學期間，撰寫計畫研究長戟大兜蟲的分類與生態，並數次前往產地調查採集，目前在美國芝加哥的菲爾德自然史博物館（Field Museum of Natural History）擔任博士後研究員。他以科學方式分析所有 *Dynastes* 屬種類的親緣關係，將原先爲 *D. hercules* 的全部「亞種」都提升爲獨立的「種」，研究論文由密西根動物學博物館出版爲專書。所以剛剛說到的 *Dynastes hercules lichyi* 已改爲 *Dynastes lichyi*，中文名稱雖沒有硬性規定要跟著變，但也可以從善如流，跟著分類位階的變動，改爲「利奇大兜蟲」或「利奇長戟大兜蟲」。

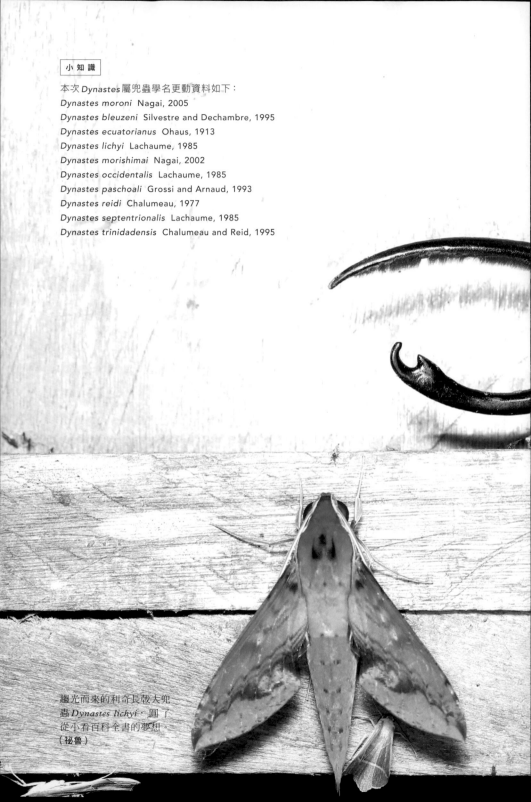

本次 *Dynastes* 屬兜蟲學名更動資料如下：

Dynastes moroni Nagai, 2005
Dynastes bleuzeni Silvestre and Dechambre, 1995
Dynastes ecuatorianus Ohaus, 1913
Dynastes lichyi Lachaume, 1985
Dynastes morishimai Nagai, 2002
Dynastes occidentalis Lachaume, 1985
Dynastes paschoali Grossi and Arnaud, 1993
Dynastes reidi Chalumeau, 1977
Dynastes septentrionalis Lachaume, 1985
Dynastes trinidadensis Chalumeau and Reid, 1995

趨光而來的利奇長戟大兜
蟲 *Dynastes lichyi*，圓了
從小看百科全書的夢想。
（祕魯）

1 肉雖然視線不佳，飄著毛毛細雨與濃霧，
   但還是找到棲息在樹上的長戟大兜蟲。
   （祕魯）
2 無法克制心中的激動，找到長戟大兜的喜
   悅都寫在臉上。（祕魯）
3 森島氏長戟大兜蟲 *Dynastes morishimai* 橘
   黃色翅鞘幾乎沒有斑點，是特徵之一。
   （飼育個體）
4 瑞德氏長戟大兜蟲 *Dynastes reidi* 是體型
   最迷你的長戟種類。（飼育個體）
5 帕斯可長戟大兜蟲 *Dynastes paschoali* 與其
   他種類最大的外觀差異在於頭角沒有突
   起。（飼育個體）

蓬萊擬鍬形蟲 *Trictenotoma formosana* 由外表白色細毛的完整度便可知道是否為新羽化的成蟲。（台灣）

你是鍬形蟲？還是天牛？擬鍬？

Trictenotomidae

　　自小學認識鍬形蟲開始，辨識牠的方式，一直停留在頭部前方那對大顎，聽起來好像沒錯，卻在剛回到昆蟲圈時，鬧出不少笑話。幾次在山區找鍬形蟲，遠遠看到地上爬的，或停在樹幹上的蟲，頭部前方呈剪刀狀，就認定為鍬形蟲，靠近才發現，差很大！經過幾次被取笑的窘境，才慢慢地學會除了大顎以外，觸角呈屈膝狀也是特徵之一！有次與好友到三峽山區，拍攝獨角仙在樹上吸食汁液的影片，突然有隻昆蟲在樹上盤旋，應該是被樹液的味道吸引。兩人一同抬頭張望，由剪影看出發達的大顎，猜想應該是鍬形蟲，等了一會，牠終於停下。透過鏡頭觀察才知道，我又看錯了！這隻甲蟲長得非常奇怪，大顎與鍬形蟲相似，但觸角比較像天牛，可說是兩者的綜合體，拍下後比對圖鑑才知道這是「擬鍬形蟲」。

　　2006年7月到泰國清邁，好友松本帶我見一位在該地頗負盛名的昆蟲商人——將農。初見面知道我來自台灣，便從庫房中拿出一個盒子，說要當作見面禮，松本示意我可以收下，打開後發現，竟然是隻擬鍬！只是這隻的大顎比較特別，末端向上翹起，所以幫牠取了「翹牙擬鍬」這樣的俗名。將農說這種蟲非常特別，每年雨季只在特定的樹上能找到，而且目前僅在一個部落發現那種樹。將農對我說：「明年7月來找我，帶你去山上找這隻蟲。」讓我既興奮又期待。沒想到隔年年初傳來噩耗，正值壯年的將農，因為心血管疾病，突然辭世。知道消息後心中充滿不捨，當然也沒機會去找翹牙擬鍬了。

　　這幾年台灣在夏季，幾個特定地點都可觀察到擬鍬，數量也算穩定。曾有朋友採集擬鍬，將其放在盒中，竟然在衛生紙上產下數量不少的卵粒，後來孵化成細長狀的幼蟲，但始終無法突破養成之謎，多半在三齡至四齡便已死亡。從事環境教育的林宗儒先生，相約一同觀察擬鍬生態，並順利取得數隻新成蟲，投產後飼養至今，幼蟲已長達13mm，交稿前夕還一同討論如何布置化蛹環境，期望這次可順利養成！

| 小知識 | 飼養甲蟲幼蟲時，先在容器中放入木屑或腐植土，可算是基本的墊材，大部分甲蟲幼蟲都能食用並成蟲。若遭遇難養或無法養成的種類，通常與其食性有關，可在容器中，定時定量放入貓狗飼料、魚肉、豬肉、昆蟲肉等，每天觀察是否進食，並將沒吃完的食物清除，避免汙染環境，滋生蟎蟲。 |

1 巨大強壯的大顎，常讓人誤以爲是鍬形蟲。
2 棲地發現羽化一段時間的個體，前胸背板與翅鞘，因摩擦造成細短毛脫落而呈現黑色。
3 雌蟲在容器中產下的細長的卵粒，一旁伴隨透明的膠狀物質。（林宗儒先生拍攝）
4 剛從卵粒中孵化的一齡幼蟲。（林宗儒先生拍攝）
5 難得一見的大齡幼蟲進食畫面。（林宗儒先生拍攝）
6 體長可以超過9公分的維塔利擬鍬 *Autocrates vitalisi*，身上泛著特殊的金屬光澤。（泰國）

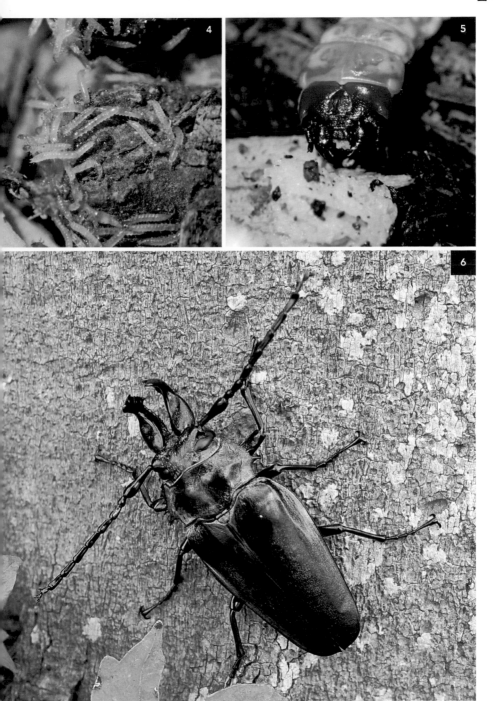

小型美麗的黃基珠叩頭蟲 *Paracardiophorus flavobasalis* 棲息在霧林帶的山區。（台灣）

跟科學很有關係——叩頭蟲

Elateridae

從小就知道一種昆蟲，身形細長，多為咖啡色或深褐色，喜歡停在樹木枝葉上，夜晚具有強烈的趨光性，常可在路燈下發現。若將牠拿起，倒放在地上，不出幾秒就會聽到「扣」一聲，猶如體操選手般應聲跳起，在空中旋轉幾圈後落地，這就是「叩頭蟲」。其實當時說「跳」是不正確的，應該說「彈」才對！叩頭蟲的前胸腹板處與中胸腹板，有一特殊構造，遇到危險時，會先將前胸向後仰，中胸向上挺，讓機關先卡住後，再將前胸往前「叩」，藉著翅鞘基部敲擊接觸面的反作用力，讓自己彈起，以躲避天敵或干擾。

記得與同伴最愛玩「誰來放，彈得最高」的遊戲，經驗中觀察到一個很重要的現象，如果將蟲放在平坦的磨石子地面上，可以彈得比較高，但將之放在木頭上就沒那麼高，若放在手掌中，則幾乎彈不起來。後來才知道反作用力與接觸面的質地有直接關係，接觸面硬，可將力道完全反作用回蟲體，所以彈得高。若接觸面柔軟，則力道被吸收，無法彈起。

叩頭蟲目前全世界已知約有8000多種，台灣也有將近300種，依自己多年調查的經驗，幾乎全年可見。夏天在某些殼斗科植物上，或剛好開花的時間，一次抖網就能見到2至5種，約10至30隻。當時並沒有特別注意這類群，現在回想起來，真覺得可惜！叩頭蟲雖為咀嚼式口器，卻從未目擊牠們啃食葉子，比較常觀察到的是，停在構樹與欒樹樹幹上，吸食汁液。

一直以為叩頭蟲都是黑褐體色，後來才知道牠們的世界也多彩多姿。台灣保育類昆蟲中的「虹彩叩頭蟲」，是一直讓我困惑的種類。這樣說的原因是：有幾個種類彼此長得很像又有點差異，對於喜好生態觀察的夥伴來說，非常有趣，只想藉由細微的差異，來分辨誰是誰可不容易。主要辨識特徵在於前胸背板的斑紋顏色、胸斑內側有無明顯折角、腹部斑紋窄或寬、前胸左右末端突起角度、棲息海拔分布等。綜觀以上各點，可知研究人員花了許多心血，檢視各地樣本，將同類間細微的差異找出，讓愛好昆蟲的朋友，能在野外觀察時，以科學的方式辨識種類，不會再傻傻分不清楚了。

小發現 為了拍攝叩頭蟲彈跳的行為，特別使用超高速攝影機拍攝，由重播的慢動作中發現，叩頭蟲彈跳一瞬間，彈跳機關的收縮竟然不只一次，而是連續彈動，目前推測是增強彈起後的動能，或彈起時碰到其它物體，藉由再次變更方向，讓天敵無法捉摸，以躲過危險。

花叢花上取食的保育類虹彩叩頭蟲
Campsosternus watanabei，艷麗的
顏色很難不引起注意。（台灣）

1 大青叩頭蟲，*Campsosternus auratus* 在夏天還算常見，容易在構樹或光蠟樹上見到。(台灣)

2 雙紋褐叩頭蟲 *Cryptalaus larvatus* 外表顏色類似倒木樹皮。(台灣)

3 體型細長黃黑相間的叩頭蟲 *Semiotus* sp.，不斷在枯倒木上徘徊，推測是爲了產卵。(祕魯)

4 趨光而來尖鞘叩頭蟲 *Sinuaria aenescens*，體型巨大。(婆羅洲)

5 叩頭蟲的前胸與中胸下方的構造，是彈跳避敵的重要機關。

6 以高速攝影機捕捉到彈跳起的一瞬間。

俗稱青螞蟻的紅胸隱翅蟲 *Paederus fuscipes*，辨識口訣為「黑紅黑紅黑」。（台灣）

什麼！牠有毒──隱翅蟲

Staphylinidae

　　記得2016年，大陸好友在微博傳了一則新聞給我，內容是：「湖南省一名男子，某日用手指彈飛一隻隱翅蟲，手上沾到其分泌的液體，一段時間後皮膚出現紅腫發癢的症狀，他想起曾聽說隱翅蟲有毒，會讓人致死的傳聞，嚇得進廚房拿刀將自己手指砍斷，被家人發現後緊急送往醫院急救。」看完這則報導後，覺得很感慨，現在是資訊爆炸的年代，大家可由各種管道取得新知，但知識內容正確與否卻無人把關！以至於各種光怪陸離未經過研究證實的偽科學，像傳染病般四處散播，造成許多民眾誤解，而發生這則離譜的事件。

　　隱翅蟲台語俗名為「青螞蟻」。老一輩長者回憶：夏天在溪流、池塘邊與稻田附近很常見，如果被青螞蟻爬過，該處會紅腫潰爛，是非常可怕的昆蟲！個人對隱翅蟲並不陌生，因為白宅位於南崁溪畔，每年夏天總會在家中發現幾隻，家人看到總是大驚小怪，急忙拿電蚊拍將之消滅。某日孩子向我展示剛打死的隱翅蟲，這時心想：做個實驗好了，便將隱翅蟲的屍體放在左手臂上來回搓揉，沒想到身體挺硬的！花了點時間才讓體液流出。前兩天塗抹處一點反應也沒有，第三天皮膚開始紅腫，第四天患部加劇長出水泡，直到第七天是最為嚴重的時候，具有醫學常識的朋友建議，如果持續惡化，最好去看醫生。所幸第八天開始消腫，第九天患部結痂，第十二天結痂脫落。這十二天除了偶爾有點搔癢的感覺外，沒有任何疼痛感，甚至沒留下任何疤痕。我將整個過程記錄成影片，並上傳到影音平台供大眾參考。

　　目前台灣的隱翅蟲被描述命名約有1,100多種，為肉食性。棲息環境遍及全台山區、丘陵、城市、溪流、草原、海邊，但會對人體造成傷害的主要是 *Paederus* 屬的種類，約有20多種。朋友問我要如何防範？這類昆蟲在夜晚具有趨光性，夏天夜裡最好關緊門窗，避免光源引蟲入室。若發現身上有昆蟲，別急著賞牠一巴掌，請先看清牠的模樣再做處理。若是隱翅蟲，可用衛生紙將之捏起丟掉，或走到戶外彈落即可。隱翅蟲並不可怕，可怕的是誤信網路瘋傳的不實消息，造成無法彌補的傷害！

　　（該名男子在醫生盡力搶救下，9小時才將斷指順利接回，並在醫生解說後恍然大悟。）

小知識	特定的隱翅蟲體液中有一種醯胺，是由體內共生菌所產生，它能有效抑制DNA合成，並阻斷細胞分裂而導致細胞死亡，以至沾上皮膚後造成紅腫、起水泡等隱翅蟲皮膚炎的症狀。

外觀黑亮的方胸隱翅蟲 *Priochirus japonicus*，
棲息於倒木的樹皮中。（台灣）

1 隱翅蟲*Paederus virgifer*前胸背板與腹部
 末端的鮮豔色彩，警告意味濃厚。（台灣）
2 撥開倒木樹皮發現外型如子彈的隱翅蟲
 （*Osorius* sp.）。（台灣）
3 蕈幕全開的竹蓀，濃烈的氣味吸引爲數不
 少的隱翅蟲。（台灣）
4 在蕈類上活動的隱翅蟲（*Eleusis* sp.），
 正捕食其他昆蟲。（台灣）
5 枯倒木的樹皮與木質部間群聚的隱翅蟲
 （*Thoracostrongylus formosanus*）。（台灣）

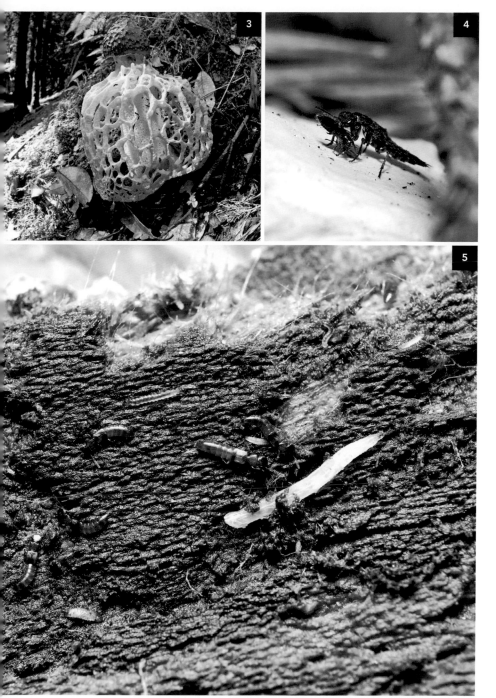

紅胸埋葬蟲 Necrophila (Calosilpha) cyaneocephala 取食竹蓀菌頂，為個人首見。（台灣）

森林禮儀師 — 埋葬蟲

Silphidae

　　2011年與〈台灣全記錄〉主持人永政一同出外景，這次主要找尋的目標是高山地區活動的動物。我們來到台中大雪山。經過整天的搜索與拍攝，導演認為進度已經超前，所以要劇組準備收工。遠處聽到嚮導三哥呼喚：「快來這裡，有東西！」一群人隨即衝過去。大樹下傳來刺鼻的腐屍味，三哥說：「這裡有具鳥類屍體。」身為各種氣味調查者的我，馬上走向前，抓住鳥的腳輕輕地向上提起，果然在屍體下方看到許多昆蟲，其中有一種顏色對比鮮豔的埋葬蟲，導演說：「這個好，拍完這個再休息。」當永政與講師群討論待會兒的內容時，發現導演與攝影師也在竊竊私語，直到正式上場，永政提問這是什麼甲蟲，我們以一問一答的方式進行，最後請永政聞埋葬蟲味道，牠將蟲拿在手上靠近鼻子時，攝影師突然出手，推了永政的手肘，蟲就直接塞進嘴中，被惡整的他十分驚訝！只有導演與攝影師在旁仰頭大笑，但我實在笑不出來，因為太噁心了。

　　埋葬蟲是一種以腐肉維生的甲蟲，森林中若有任何動物死亡，牠們絕對不會缺席。第一次遇到這類甲蟲是在多年前的夏季夜晚，與好友在拉拉山知名櫻花樹下找蟲。停在燈下的牠靜止不動，由翅鞘上的橙色斑點、外露的腹部，認出是雙斑埋葬蟲。本想靠近觀察，但腹部不停快速收縮，還隱約聞到淡淡的腐臭味所以作罷。真正在屍體上看到埋葬蟲是在大屯山助航站景觀台，那是五月大屯姬深山鍬形蟲的成蟲季節。平日人車不多，蹲在路旁拍攝野當歸花上的昆蟲，一陣風吹來，帶著濃烈的腐屍味，好奇心使然便找尋氣味的源頭，果然在不遠的草叢發現許多蒼蠅飛舞，原來是隻大蟾蜍，身上有多隻紅胸埋葬蟲來回爬行。拍攝時有多位遊客好奇觀望，聽到吃屍體的蟲莫不緊皺眉頭、轉身就走，這也是難得沒人打擾，輕鬆觀察的有趣經驗。

　　我們可以想一想，如果自然環境少了埋葬蟲的存在，郊遊踏青可能隨時踩到屍體、聞到可怕的臭味，所以欣賞美景的同時，別忘了感謝「大自然的禮儀師」。

小知識	這類甲蟲最特別是「照顧幼蟲」的行為，任職中研院的沈聖峰研究員發現，尼泊爾埋葬蟲有合作育幼的行為，沒有親緣關係的個體，也會協同將屍體上的蠅類卵粒與蛆移除，並將屍體作防腐處理，埋到地下儲存，作為幼蟲孵化後的食物。

1 夜晚趨光而來的雙斑埋葬蟲 *Diamesus bimaculatus*，遠遠地便聞到一股味道。（台灣）

2 尼泊爾埋葬蟲 *Nicrophorus nepalensis* 橙黃色的觸角末端
   與翅鞘上類似葷甲的花紋爲辨識特徵。（台灣）

3 體型小巧可愛的中林氏埋葬蟲 *Oiceoptoma nakabayashii*，
   要到高海拔山區才有機會觀察。（台灣）

4 體型巨大的埋葬蟲 *Diamesus* sp.，飛來時還帶著可怕的氣味。（泰國）

5 腐肉陷阱除了吸引埋葬蟲外，以腐屍爲主的糞金龜也前來。（台灣）

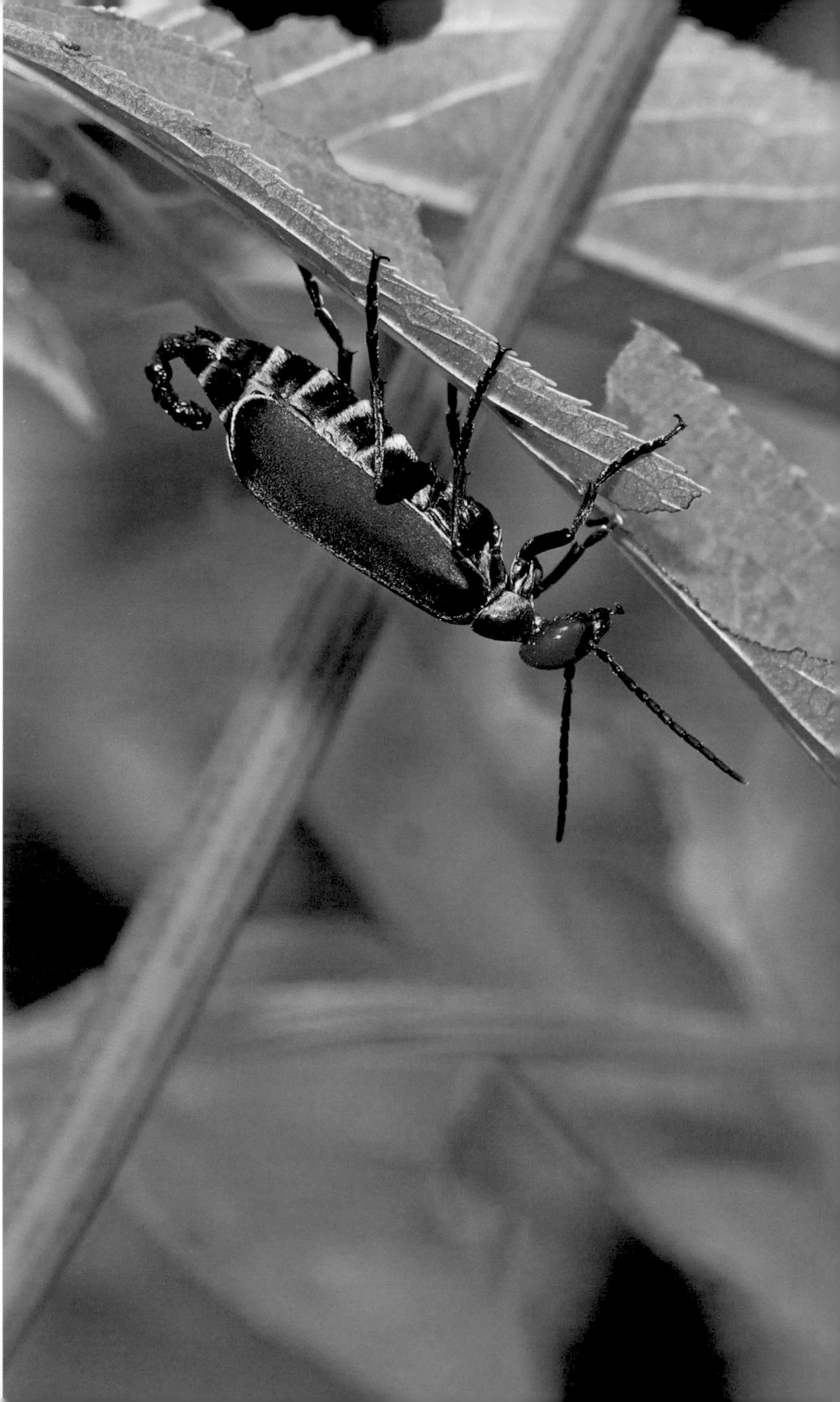

豆芫青 *Epicauta hirticornis* 又稱爲紅頭地膽，成蟲於春夏兩季常見。（台灣）

西班牙金蒼蠅？斑蝥

Meloidae

　　國中時期住在台北市中山區，路邊的汽機車上，常見自黏性便條紙的廣告，記憶中最深刻的是上面只印一句話：「男人壯陽聖品，西班牙金蒼蠅」，後面是電話號碼，國中懵懂時期，與同學看到就相互嬉鬧，把紙條撕下貼在不知情同學背後。有次在校門口玩得太過份，被主任看到，幾人都被叫去罰站，緊握手心的紙條也被搜出。主任大怒：「到底有沒有羞恥心，這樣的東西都相信，根本沒有金蒼蠅這種東西！」當時在心中留下一個問題，真的沒有金蒼蠅這樣的昆蟲嗎？出社會後幾份工作都在中山區，是出入分子較為複雜的聲色場所，聽到的講法也五花八門。曾有人告訴我，將山邊的虎甲蟲抓來烤一下，連同幾味中藥磨成粉，加入蜂蜜混和調製成丸狀，就有類似的效果。後來被熟識的中藥店老闆斥為無稽之談。心中還是想著：西班牙真的有金色的蒼蠅嗎？

　　自從認識昆蟲本科系好友廖智安後，幾乎所有的昆蟲問題都得到解答，連金蒼蠅這件事，也得到合理的答案。原來金蒼蠅是指芫青（芫青為古籍正字，芫菁則為網路常用語）這類昆蟲，中藥材中的斑蝥也是芫青。坊間說的西班牙金蒼蠅指的是產於歐洲的某種芫青，因體型較小，外表為豔麗金屬光澤，所以有這樣的講法。這類昆蟲體液含有芫青素，遭遇天敵時，多會呈現假死狀態，並由身體關節處滲出黃色汁液。萬一接觸皮膚，輕則紅腫起水泡，重則發炎潰爛，若誤食過量更可能致命。

　　這類甲蟲食性相當特別，幼蟲為寄生捕食性，成蟲後則為植食性。目前台灣已知地膽科的種類為14種，以個人觀察記錄來看，最常見的是豆芫青，因為整個頭部為鮮紅色，又稱為紅頭地膽或紅頭師公，春夏季在郊山步道，可見大量成蟲啃食植物。分布較為狹隘的是橫紋芫青，個人僅在某次前往南部調查，記錄數隻成蟲在一小塊開墾地上啃食植物。最稀有的是大紅芫青，鮮紅的體色與強壯的大顎讓人印象深刻，查詢資料得知，本種幼蟲以木蜂類的幼蟲為食。曾在夏季的低海拔山區，路旁朽木堆發現木蜂出沒，並觀察大紅芫青在朽木上交配，雌蟲進入木蜂巢穴，若有足夠裝備，應能窺見精彩的生態行為。

| 小知識 | 在野外接觸昆蟲，初學者很難判斷是否有毒，最好的方式就是帶著觀察盒，或現場撿拾樹枝、樹葉等物，讓昆蟲直接爬上，絕對避免用手抓昆蟲，萬一發生被蝥、咬，或分泌的體液沾到皮膚，造成紅腫發炎的現象，請迅速就醫。 |

● 清境瓢蟲 *Epilachna chingjing* 為植食性的種類，
遭遇干擾會由關節處分泌具有強烈氣味的「忌食物質」。（台灣）

1 大紅芫青 *Cissites cephalotes* 體色鮮紅，強壯的大顎常讓人誤以為是鍬形蟲。（台灣）
2 大量成蟲出現，可在短時間將附近食草啃食殆盡。
3 在木蜂活動的枯木，常能觀察記錄交配行為。（台灣）
4 一對情投意合的大橫紋芫青 *Hycleus phaleratus*，對比強烈的顏色，明確的傳達「我不好惹」的訊息。（台灣）
5 暗黑異菊虎 *Lycocerus atroopacus* 遭遇天敵時，也會使用化學武器「忌避物質」來自保。

民間的台灣昆蟲大展

　　1998年發生兩件重要的事，一是微軟新作業軟體轟動全球，二是我剛回到甲蟲世界。當時利用網路找到台北的木生昆蟲館，成為吸收甲蟲知識的啟蒙地，在這裡結交各路蟲友，有空就去聊蟲經、看標本。拜網路所賜，各類昆蟲相關網頁、網站如雨後春筍般出現。個人最早接觸的是「台灣鍬友會」，其後「安妮的昆蟲世界」、「昆蟲廣場」、「昆蟲論壇」陸續崛起，熱絡程度可用「戰國時期」形容。當時流行的「聊天室」功能，讓我的中文打字速度突飛猛進！2004年世雅育樂引進卡片遊戲機「甲蟲王者」，瞬間瘋迷全台，連帶吸引大小朋友飼養甲蟲。若沒記錯，是2005年由台北開始，論壇蟲友發起「台北蟲聚」，吸引台灣各地玩家與新手參與，自此蔚為風潮，陸續有各地蟲友在所屬縣市舉辦「蟲聚」，並吸引蟲店贊助抽獎品，連我也跟著到處趕場參與盛會。

上 2017 台灣昆蟲大展開場前已排滿各地前來的同好。
下 會場擠滿人潮，十分熱鬧。
左頁上 店家展示各種漂亮、巨大、稀有的甲蟲標本，讓玩家與同好目不暇給。（南投甲蟲館）
右頁下 昆蟲活體與各式高營養木屑是店家強推的商品。（愛森螳甲蟲生物館）

上 各國蝴蝶標本一應俱全，最吸睛的是寶藍色
金屬光澤的摩爾佛蝶。（**蟲新發現蝴蝶藝品館**）

中 展區另一邊也擠滿人潮；三樓等待養蟲達人
河野先生演講的人潮。

下 網紅蕭志瑋也是甲蟲發燒友，當天與河野先
生交流。

　　2007年估計全台實體昆蟲店與網路商店超過百間，一到假日，店中擠滿新手與玩家，相互交換飼養心得與採集資訊。還有許多家長帶著孩子，買果凍、換木屑、玩甲蟲王者，連文具店、水族館都跟上這波風潮，販售甲蟲相關商品，可說是台灣甲蟲產業的全盛時期。當年由論壇蟲友聯名發起的「全國昆蟲飼育交流聯誼會」也盛大舉行，除了成立籌備小組外，還有主持人與餘興節目，加上各昆蟲店提供豐厚獎品，吸引全台蟲友熱情響應，席開20桌。當天雖然要事在身，也一路趕回台北，與大家同樂。可惜隔年熱潮逐漸退去，蟲店一間間結束營業，而我也朝自然觀察與生態攝影發展。雖然淡出飼養甲蟲圈，但與當年結交的同好並未斷了聯繫，反而定期聚會，凝聚更強友誼。

　　這幾年網路社群軟體當道，資訊流通更為迅速，各種甲蟲社團與群組林立，老字號蟲店經營穩固，飼育技術也不斷突破，蟲友養出大型個體，登上日本專業甲蟲雜誌時有所聞，蟲友間的小型聚會亦不時舉辦，盛況不輸當年。2017年10月，從事創作的蟲友來訊，表示正規畫舉辦甲蟲活動，原以為性質類似蟲聚，大家吃喝聊天。交換彼此想法後，才知規畫的方向是售票型的展覽，準備邀請台灣昆蟲店、玩家前來擺設攤位，並聯絡日本養蟲名人來台交流，票根還可摸彩，而且獎品豐富，希望獲得大家支持。聽完後二話不說，馬上答應！並在活動海報完成後，協助於各社群平台宣傳。

　　很快地展覽日來到，早上8點出頭到達現場，發現排隊等待入場的蟲友已經多達百位，在主辦人協助下進入會場，一樓為餐飲區，參展的商家在二樓。由於皆為早已熟識的朋友，逐一寒暄並拍照記錄。9點一到整個展場馬上塞滿人，擠得水洩不通，在購買展場限量商品後，帶著孩子往樓下走，出了門口就被排隊的人潮嚇到！竟然延伸至下個路口，無法看到盡頭，直至下午一點離開，未見消散。展覽在下午的競標與摸彩後圓滿結束。以售票數加工作人員統計，當天約有1000人參與，遠超過2007年的全國蟲聚，在這次的展覽中看到主辦人的用心，昆蟲店、蟲友的熱烈支持，雖然因人潮超過預期，以至現場稍微混亂，但整體來說是讓人滿意的結果！

甲蟲王者再領風潮

　　卡片遊戲機「甲蟲王者」的風潮，將台灣飼養甲蟲的風氣推向最高峰。下課或假日常見家長陪同，機台前大排長龍，當時觀察，國中、小學生為最重要的支持者。由於遊戲中的甲蟲角色，現實中都是真正存在於森林的種類，翻譯的中文名稱也符合常用俗名，所以間接讓各種甲蟲名稱朗朗上口，不時走在路上，聽到「我有赫克力士青藍喔！」回頭一看，是小學生拿出自己珍藏的遊戲卡向同學炫耀，這樣的熱潮持續數年，直到2010年甲蟲王者卡片機結束營運，我也開始專注在自然觀察與造訪世界各國。

上　　　與世雅育樂行銷經理、蕭教授、西瓜哥哥、SEGA營運長、遊戲研發部長，
　　　　一同參與新甲蟲王者在台發表會。
右頁上　工作人員穿上白袍變身甲蟲研究員，指導新進玩家操作遊戲。
右頁下　拿著V徽章、鬥士證與卡片一起來挑戰新甲蟲王者。

　　2017年世雅育樂推出「新甲蟲王者」，台灣為全世界除了日本外，第二個推出遊戲的國家，我獲得台大昆蟲學系蕭旭峰教授推薦，一同參加台北發表會，在活動現場，我分享了甲蟲生態知識，以及找尋世界最大甲蟲的故事。雖然只是一套電子遊戲，卻可以看見策畫團隊的努力與用心。不但請蕭教授做中文名稱審訂，在物種的造形與習性上也有相當仔細的著墨。我個人相當支持這樣的遊戲，尤其在資訊爆炸的數位時代，透過新穎的遊戲讓更多人認識甲蟲，是一個具創意、互動及學習的做法，畢竟愛護生命不只是口號，而是需要用運用各種各種方式來達到目的。

　　新甲蟲王者發表會前，在社群粉專發布相關訊息，曾有家長質疑，這跟自然觀察一點關係也沒有，怎麼會放在「帶著孩子玩自然」粉專？這要由第一代甲蟲王者說起。當年熱衷遊戲的朋友們，現在多已就讀大學或成為社會人士，許多人亦成為甲蟲玩家，有幾位時常討論昆蟲知識的好友，由聊天得知，他們當年是因為玩甲蟲王者而認識那麼多昆蟲，進而開始養蟲，後來就讀生態相關科系。這也是我常提醒家長，玩什麼不是問題，重點在於玩的過程學到什麼？家長扮演什麼樣的角色？孩子下課與放假，我盡量排出時間，跟他一起玩新甲蟲王者、抓寶，找昆蟲，摸蝦抓魚，全程的陪伴與引導，這才是親子教養的重心，而不是天天安親班、補習班、成績掛帥的生活，將孩子變成沒有溫度的讀書機械。

> **小知識** 第一次玩甲蟲王者的朋友，若現場沒有玩家指導，挑選模式進入對戰畫面後，與對于使用剪刀、石頭、布的方式決勝負，這時只要注意畫面左下角，便能依照提示，預測對手的下一步，快來一起成為甲蟲王者吧！

上左 發表會結束後，為甲蟲王者與飼養活體甲蟲同好簽書。
上右 各種閃閃發亮的閃卡，是發燒玩家絕對收藏的逸品。
中 機台上方展示空間，會定期更換新一波的甲蟲王者卡片。
下左 新甲蟲王者的戰鬥畫面更加華麗！
下右 假日一位難求，只能挑選離峰時間，才能玩得盡興。

FINDING

哪裡找甲蟲

3

BEETLES

哪裡找甲蟲？

演講或帶活動，最常遇到問題是：「怎麼找甲蟲？」讓我想起剛接觸生態的點
滴。與甲蟲相遇，大部分在毫無預期的情況下出現，除了非常興奮外，當下便
將外觀樣貌、環境、時間、季節，快速記入大腦，單靠記憶是不夠的，手上準
備一本「武功秘笈」，在現場將上述資料記下，越詳細越好，回家後再查閱、比
對圖鑑，向好友請教，經年累月才有現在找甲蟲、辨識種類與說故事的功力。
對於初入門的朋友來說，以下提供幾種我常用的自然觀察方式，讓您在不同的
環境中，快速找出甲蟲的身影。

SPOT. 1

水中蛟蟲

　　記得在昆蟲臉書上線前一年，好友介紹我到某單位分享自然觀察，開始前先與大家閒聊，其中一位志工聽到水中有甲蟲，馬上說：「甲蟲能在水中生活嗎？」確實很多人不知道水中也有甲蟲，而且種類還不少。「水龜」是許多長者對水中甲蟲的台語俗稱。曾在宜蘭員山鄉路邊草澤拍攝水生植物，突然見到龍蝨由水底快速游上水面，以腹部朝上換氣，馬上再潛入水中。當下拍了幾張照片，旁邊一位長者，用狐疑的表情看著我說：「水龜有什麼好拍的？」在地人常見的昆蟲，對我來說是最棒的觀察對象。龍蝨是肉食性甲蟲，捕食小魚、蝌蚪，遭遇受傷的動物也會群起而攻，整個生活史除蛹期之外都跟水有關。雌性成蟲交配後，會在水中找尋合適的植物，在莖上咬出缺口，將卵產在其中，孵化為幼蟲後，在水中捕食其他小型動物，直到準備化蛹才離開水面，在靠近水邊的泥土製作蛹室等待羽化。成蟲後，牠的後足是特化的「游泳足」，可在水中快速前進，鞘翅與腹部間可儲存氧氣，可長時間潛在水中。陸地上亦可行走，只是不若在水中矯健。萬一遭遇水質不好，或缺乏食物，游到水邊打開翅膀，便可飛離找尋新的棲地。之前在昆蟲臉書形容牠為「海陸空三棲戰將」是不是很貼切？

　　還有一種稱為鼓甲的水棲甲蟲，棲息在溪流或水塘的靜水域，常在水面以迴旋方式移動，捕食掉落水面的昆蟲。身上最特別的構造是複眼分成上下兩部分，可同時監看水面與水下狀態。中後足特化為適合划水的扁平槳狀，前足則特化為長桿形，平常个用收於前胸下方，遇到昆蟲掉落水面，則會伸出輔助捕食行為。牠的生態習性與龍蝨雷同，唯一不同的是將卵產在植物表面。成蟲若遭遇危險或棲地劣化，也可以飛行的方式遷移到合適地點。

日籍研究團隊在山澗處調查小型水生甲蟲。（台灣）

　　水生甲蟲中的隱士，是包含我在內，多數人都陌生的「扁泥蟲」。牠的幼生時期在水中度過，會緊貼在岩石上，取食水中藻類、有機物，由於外型扁平類似錢幣，又被稱為「水錢」。第一次發現於烏來山區的岩壁滲水處，原以為是腐植質，但左右形狀也太對稱，仔細看發現是曾在書上見過的扁泥蟲幼蟲。

1 腹面可以看出龍蝨特化的後足（游泳足），腹部末端儲藏氧氣的氣泡，還有雄蟲才有的前足吸盤構造。（**圖為灰龍蝨** *Eretes sticticus*）

2 潛藏在水中不動的黃紋麗龍蝨 *Hydaticus vittatus*。（台灣）

3 別看牠一臉可愛的樣子，東方黃緣龍蝨 *Cybister tripunctatus* 搶食可是非常兇狠的！（台灣）

4 牙蟲科（Hydrophilidae）甲蟲取食黑殼蝦屍體，也算符合水中清道夫的字義。（台灣）

5 在水面上來回徘旋的豉甲科（Gyrinidae）甲蟲，等待跌入水中的昆蟲。（**馬達加斯加**）
6 由此可以看出豉甲的前足平常收在身體下方，需要時才伸出使用。（**婆羅洲**）
7 扁尼蟲科（Psephenidae）甲蟲的幼蟲，又稱為「水錢」，吸附在山壁滲水處，竟也是甲蟲的幼蟲。（**台灣**）
8 龍蝨幼蟲的大顎緊緊咬著黑殼蝦。（**台灣**）

有志「液」同

　　2016年受到花蓮周裕欽老師的邀約，前往東華附小與同學分享自然觀察的方法，抵達時注意到幾棵欒樹，因為樹幹分岔處流出深色汁液，金龜子埋頭吸食，蝴蝶在旁飛舞，將我拉回國小五、六年級時的台北。以現今麟光捷運站所在地為中心的方圓三公里，曾是我學習自然觀察的重要場域。臥龍街旁還是亂葬崗的年代（現為福州山公園），最高處兩座墳墓間的欒樹是不外傳的私人蟲點。每年五月起，樹洞開始流出酸臭的汁液，就是見到扁鍬形蟲的時候，還有各種花金龜、天牛、叩頭蟲等甲蟲，我會小心翼翼地靠近，避免動作太大，將蟲嚇飛。當年只要有獨角仙，就能榮登孩子王的角色，那種被大家擁戴的感覺，我也有過一次。當時抓到一隻大型扁鍬形蟲，樓下的哥哥很喜歡，便提議可提供小鯰魚、美國螯蝦、鬼豔鍬形蟲作為交換，但這些都無法引起我的興趣，他只好拿出獨角仙來交換。玩伴們看到在餅乾盒中的獨角仙都快瘋了！爭相抓出來玩，還因此獲得糖果與餅乾。其中一位玩伴說：「要找到獨角仙樹才真正厲害！」這句話一直謹記在心。

　　光臘樹（白雞油）就是獨角仙樹，市區近郊不難找到。若想看到樹幹上爬滿蟲，五月起就要多注意！因獨角仙成蟲出現後，會利用口器將樹皮推掉一層，這樣才能吸吮到流出的汁液。同時也吸引許多昆蟲前來，例如：鍬形蟲、金龜子、吉丁蟲、叩頭蟲、擬鍬等。一樣吸引甲蟲的是殼斗科植物，青剛櫟、大葉石櫟、火燒柯、長尾栲這幾種，若樹枝感染某些真菌或被昆蟲寄生，該處會膨大形成蟲癭，夏天會吸引昆蟲前來。個人觀察到鍬形蟲使用大顎，將蟲癭外皮咬破吸食汁液，吸引更多甲蟲前來，在樹下就能觀察許多爭食打鬥的畫面。

　　過去當我還熱衷抓蟲與收藏標本的時候，每年固定去北部幾處山區，在林道兩側找到不少青剛櫟與火燒柯，夏天採集許多昆蟲。後來不做無謂的採集，每年也會找時間去看看牠們。可惜的是這幾年，有些蟲友用拉扯的方式將樹枝折傷或拉斷，讓人覺得非常可惜，這些滲出汁液的樹枝就像餐廳，若餐廳被拆掉，還會有客人上門嗎？我們應該盡力維護棲地環境才是。

 小知識　在流汁液的樹找蟲是非常有趣的觀察經驗，但需要特別小心，因為不只甲蟲、蝴蝶、蒼蠅會來吸食，虎頭蜂也是吸食樹液愛好者，若太過靠近可能會讓牠認為要來搶食，而發生攻擊事件。

光臘樹（白雞油）*Fraxinus griffithii*
獨角仙*Allomyrina dichotoma*刮掉樹皮後，
便是各種昆蟲聚集用餐的好地點。
（台灣）

在山上找到這些會流汁液的樹並不簡單。當春夏季枝葉茂密的時，很多會流汁液的樹洞，或長有蟲癭的樹枝都被遮住。這裡給您建議，許多樹種為落葉性，冬季天氣好時可到山區步道走走，這時就是找尋的好時機，只是別忘了，看完後要標記地點，以免夏天景致改變後找不到地方。

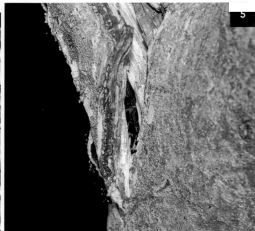

1　樹木流出汁液，吸引漂亮的細腳騷金龜
　Anomalocera olivacea 吸食，還有大紫蛺蝶
　Sasakia charonda 前來取食。（台灣）

2　欒樹流出汁液，扁鍬形蟲 *Dorcus titanus*
　與褐翅蔭眼蝶 *Neope muirheadi nagasawae*
　一同用餐。（台灣）

3　另一地點是白點花金龜 *Protaetia* sp. 與褐
　翅蔭眼蝶 *Neope muirheadi nagasawae* 一
　同用餐。（台灣）

4　青剛櫟 *Quercus glauca* 流出的汁液，是台
　灣深山鍬形蟲 *Lucanus formosanus* 的最
　愛。（台灣）

5　流出汁液的樹木如果有樹洞或裂縫，常
　是甲蟲躲藏的地點。（圖為扁鍬形蟲 *Dorcus*
　titanus）

6　藍色型的扇角金龜 *Trigonophorus rothschildi*
　吸食樹幹上不知名的汁液。（台灣）

7　雖然腐熟的水果常能吸引甲蟲前來，但
　一定要特別小心虎頭蜂！（圖為黃腳虎頭
　蜂 *Vespa velutina*）

SPOT. 3

借花獻甲蟲

　　每次演講題目以自然觀察為主時，都會特別提到，在哪兒比較容易觀察到昆蟲。其中最賞心悅目的方式，就是找到開花植物，因為昆蟲被吸引來，吸花蜜、吃花粉、啃花瓣，或被其它昆蟲吃掉。有些小型且不容易觀察的甲蟲，這時候也比較容易遇到。真正喜愛這種自然觀察的方式，是在 2008 年接待學者，前往新竹山區調查。當天到達定點後，以步行方式找尋目標。走沒幾步，日籍學者便指向一棵大樹，綠色樹冠滿滿地米色穗狀花序，看來是殼斗科植物開花，大家隨即掏出長桿網框，開始套網作業。將目標設定離我較近的幾叢枝葉，快速套入抖動，很快的網中有不少收穫。網子收下後，老師靠過來確認裡面的昆蟲。一手扶住網框，一手使用吸蟲管，看起來非常忙碌，操作幾次後老師喊停，主要是讓抖網時掉落至旁邊或飛走的昆蟲，有時間飛回來，大家也趁機讓手臂休息。將採集的昆蟲分類發現，訪花的甲蟲種類非常多！常見如：花金龜、天牛、瓢蟲，少見的如：菊虎、大吸木蟲、花蚤等。還有許多意想不到的昆蟲出現，

　　台灣有種美麗的小型花金龜，體型不到 2 公分，身上的金屬光澤與顏色變化，可說是人見人愛。還有另一個特色，牠全身長滿濃密的體毛，朋友開玩笑地說：「住在高海拔山區，不穿厚一點會冷！」牠就是台灣粗角花金龜。個人僅知一個產地，位於太魯閣國家公園的關原至慈恩路段，由成蟲時間僅短短三周，連續幾年專程去觀察，不是太早尚未出現，就是太晚已經結束，2007 年夏季，好友來電通知：目前慈恩沿路的有骨消、大枝掛繡球等蜜源植物正值花期，花上停滿粗角花金龜，快點去一定有好照片！可惜當周工作滿檔，等忙完時，花也謝了，蟲也沒了……。

　　2017 年 6 月在武陵農場拍攝生態節目外景，當天風和日麗，陽光普照，依照進度與設定的物種，很快將內容處理完成，最後到兆豐橋補拍需要的溪流景致。剛好蜜源植物有骨消盛開，吸引許多蝶類在旁飛舞，大家讚嘆之餘一起前往觀察。許多色彩鮮豔的甲蟲在上面活動，讓所有人拿出手機、相機，記錄這精彩的一刻！

| 小方法 | 如果要找訪花的昆蟲，別忘了挑選炎陽高照的大晴天，溫度高昆蟲活動力較好，花朵也更能散發氣味。若是雨天，昆蟲的身體與翅膀濕了，變得笨重難以飛行，通常都會躲在樹葉背面，等待雨過天晴。 |

巴陵圓眼花天牛（十字偽葉蟲花天牛）
Lemula crucifera
常在山胡椒 *Litsea cubeba* 的花期見到。

1 有骨消 *Sambucus chinensis* 開花時，當季的黃紋細翅天牛 *Thranius multinotatus signatus* 幾乎不會缺席。（台灣）
2 如藍寶石般的琉璃豆金龜 *Popillia mutans* 在山葡萄 *Ampelopsis* sp. 的花序上非常顯眼。（台灣）
3 開滿鮮黃花朵的油花荣田，吸引小綠花金龜 *Gametis forticula formosana* 前來取食。（台灣）
4 紅螢 *Plateros* sp. 在山葡萄 *Ampelopsis* sp. 的花朵上覓食。（台灣）
5 外觀渾圓的花金龜 *Celidota stephens* 在旅人蕉的花朵上取食。（馬達加斯加）
6 使用長竿大網以扣擊樹枝方式調查訪花的昆蟲，是方便快速的方法。
7 密毛魔芋 *Amorphophallus hirtus* 發出屍臭味的花朵，吸引衍附糞潒蜣 *Parascatonomus* sp. 前來幫助授粉。（台灣）

SPOT. 4
屎中可見

　　幾次陪同學者在台灣東南部調查，主要以森林中利用糞便與腐肉的甲蟲為主，海拔10~2,800公尺都有我們的足跡。除了攜帶各種動物排遺外（包含自己的），還在野地找尋牛、水鹿、獼猴的新鮮糞便，也因如此，發生許多讓人噴飯的事件。記得2014年底，一行五人在大雪山調查（事前申請學術調查許可），最後一天將之前擺放的陷阱收回，便在路邊的石桌作業，將目標物從糞便中夾出。由於桌上瓶罐頗多，看起來就像在野餐，不時有路人走來說：「那麼豐盛！」但一看到滿桌的糞便與濃烈的氣味，莫不掩鼻快步走開。將近中午，研究生購回便當，大家輪流用餐，席間一樣談笑風聲，最後輪到我蹲坐在旁吃飯，才扒兩口到嘴中，突然一位學者站起，拿出相機拍照，拍完指著我的手說：「那雙筷子，剛剛是使用夾糞金龜的！」當場笑翻所有人，這則故事也變成每次分享田野調查必用的梗。

　　有次在東南部靠海的村落，當地還有農戶養牛，我們連續幾日，從早到晚蹲坐在路邊檢視牛糞，搭配南台灣特有的烈陽，與海邊的強風，真是辛苦！當地居民好奇，頻頻發問：「少年仔，到底在衝下？」我們也不厭其煩地解釋「正在做研究」，後來居民也就見怪不怪。只是偶而路過時會說上一句：「挖牛屎說是做研究，這些少年仔頭殼空去啦！」

　　我想跑野外的甘苦如人飲水，冷暖自知。很多人好奇，到底挖糞便會遇到什麼呢？東西可多了，我們主要的目標是一群外觀各有不同，但臭味相投的甲蟲，廣義來說，可將牠們都稱為大自然的「清道夫」。大家最熟知的是糞金龜，尤其是那種將糞便作成球，推著跑的「推糞金龜」。但並非所有的糞金龜都做球，有的直接在糞便下面挖洞，將糞堆到裡面。有的則是直接在糞便中產卵，可說種類不同，利用方式也不一樣。還有一種是閻魔蟲，外觀很像金龜子，頭部前方有剪刀狀的大顎，會出現在腐肉陷阱與糞便陷阱中，據說是為了捕食蠅類的幼蟲。隱翅蟲同為糞便與陷阱中的常客，與網路瘋傳會引起皮膚過敏發炎的種類並不相同，通常體型較大，且大顎發達。

| 小知識 | 雖然是老生常談，但還是要特別提一下，觀察這類喜愛糞便的昆蟲，若不慎碰到糞便，或未使用工具，徒手抓取昆蟲，最後一定要將手洗淨。野外找尋水源不易，個人習慣隨身攜帶酒精與小包裝濕紙巾，以維持衛生安全。 |

1 台灣最新發表的糞金龜種類——九棚嗡蜣螂 *Onthophagus (Palaeonthophagus) jiupengensis*。（台灣）
2 造型有趣的的糞金龜 *Onthophagus* sp.，非常符合「雙眼圓睜」的字義。（澳洲）
3 牛糞中常能發現閻魔蟲科（Histeridae）甲蟲的成蟲。（台灣）
4 在密林中上廁所時，聞香而來的糞金龜 *Oxysternon conspicillatum* 體表是翡翠般的色澤。（祕魯）
5 在鬣狗糞便中發現的大皮金龜 *Omorgus* sp. 外表充滿瘤狀突起。（非洲）
6 推糞金龜 *Paragymnopleurus ambiguus* 常為了搶奪糞球而大打出手。（台灣）
7 調查時設置的牛糞陷阱，經常蟲滿為患。圖中有兩種掘地金龜 *Phelotrupes* ssp. 的種類。（台灣）
8 牛糞中常出現的隱翅蟲，但多半是沒有毒的種類。（台灣）

飼養甲蟲停看聽
BREEDING

BEETLES

甲蟲怎麼養

　　現在的蟲店各種飼養裝備與食材一應俱全，只要不是太過稀有，或生態習性未明的種類，多半也都能得知飼養的竅門。這裡就把幾種親蟲取得來源與基本的照顧方法跟大家分享。

1　**野外採集**　野外自行採集的甲蟲

2　**蟲店購買**　選擇多元，各類周邊商品可一次購足。

3　**蟲友交流**　自行繁殖或產量太多可與蟲友交換。

夜晚以燈光誘集昆蟲，可吸引大量昆蟲趨光而來。（台灣）

與蟲友交流，若無法面交檢查，
必須秉持誠信原則，
告知昆蟲所有細節，
如：來源為野生或飼養，
蟲體是否缺陷，健康與否。
（圖為緬甸大叉角鍬形蟲
Hexarthrius forsteri kiyotamii
飼養個體）

野外採集時，請勿大小雌雄通抓，毀滅式的採集行為一樣影響生態平衡。

達人自行培育純化的血統，通常具有特別的性狀表現，也有詳細的紀錄資料，成為玩家搶購的指標。
（攝於2017台灣昆蟲大展）

甲蟲標本的收集與交流市場也非常熱絡。（**攝於2017台灣昆蟲大展**）

蟲店購買幼蟲時，可檢查蟲體是否健康，順便更換新木屑或菌瓶。（**圖為鍬形蟲幼蟲**）

野放絕對禁止
為了台灣的生態環境，
任何昆蟲請勿野放。

如果您無法在繼續照顧手上的甲蟲或任何生物，請絕對不要自行野放！將蟲帶回原先購買的地點，或交給願意接手的朋友，以免對自然環境造成影響。

挑選健康個體

　　無論是野外採集、購買、交流等管道取得甲蟲或幼蟲，有幾項是必須特別注意，事前的檢查可避免無謂的採集、交易或交流糾紛所衍生的問題。

外觀判定
甲蟲的觸角與六足是否完整，身上有無傷痕，某些凹陷可能是羽化造成，對於甲蟲健康並沒有太大影響，但若是打鬥或外力造成的傷痕，可能會導致體液流出，引發感染造成甲蟲死亡，不可不慎！

活動力
健康的甲蟲可由動作看出，通常較為活潑，行動無礙。若尚在蟄伏期，亦盡量避免打擾。如果發現觸角或六足其一有動作不協調的狀態，可能為外力造成關節損傷，若發生在跗節，則相當容易折斷。

檢查體重
剛羽化或體質強健的甲蟲，重量比起存活一段時間，或受傷的甲蟲重。雌蟲尤其明顯，沒有生過的母蟲比起生過的母蟲來的重，這也是挑選時最簡單的依據。

寄生蟲
野生採集個體與未做好飼養環境清潔的個體較容易發生。以目視檢查，體表與關節處是否有紅色、白色會移動的點狀物，若發現，可搭配牙刷在水龍頭下用水沖洗，通常無法一次處理乾淨，可分次進行。

右頁 蟲店購買或蟲友交流，徵得同意後將蟲放在手上，可仔細檢查身體各部位的完整度。
（圖為日本大鍬形蟲 *Dorcus hopei binodulosus* 飼養個體）

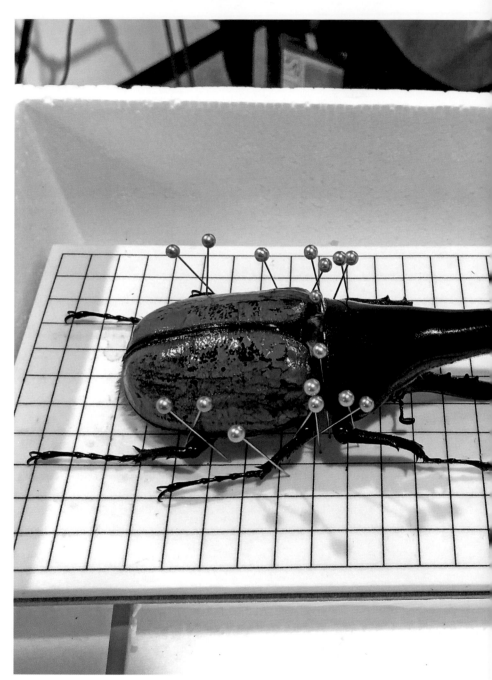

標本大小、是否曾修補過、產地與入手來源（野生或飼養）都是交流時的重要資訊。
（攝於 2017 台灣昆蟲大展）

由外觀可明顯看出羽化時，翅鞘未能完整收合。羽化不全的個體或許外觀有所殘缺，若其它表現符合預期，亦可作為種公或種母。（圖為**日本大鍬形蟲** *Dorcus hopei binodulosus* **飼養個體**）

胸紋青銅虎天牛 Xylotrechus atronotatus 鞘翅末端都是寄生蟎（中氣門蟎目 Mesostigmata）。（台灣）

野外採集的甲蟲身上可能帶有蟎類，必須仔細檢查。（圖為**黑豔蟲**，攝於祕魯）

成蟲飼養

　　無論任何甲蟲都可飼養，重點在於是否清楚該種類的生態習性，提供需要的溫濕度、適當的食材，搭配大小合宜的飼養箱、水苔、樹皮枯葉即可。

飼養箱
目前坊間的飼養箱主流為高透度的壓克力製品，款式品牌眾多，我習慣使用方正造型的飼養箱，主要是容易堆疊，對於空間不足的朋友較為方便。蓋子分成兩種，孔縫較大相對透氣，但卻造成果蠅與木蚋叢生，防蟲飼養箱的蓋子孔縫微小，可有效阻絕小蟲，但須注意夏天過於悶熱的問題，若放置於溫控房較為適宜。

防蚊紙
這是由不織布裁剪而成，兼具孔目細小、透氣性、便利等好處，如果使用一般的飼養箱，最好搭配使用，可以避免蠅蟲亂飛的窘境。

樹皮落葉
飼養箱四面都是垂直光滑，萬一甲蟲於箱中翻倒，沒有外物能施力翻身，將因為掙扎而耗費體力。在箱中放入樹皮、樹枝、落葉，避免無法翻身問題，亦可提供躲藏。

果凍台與果凍
飼養箱中放置果凍台，可固定果凍，避免翻倒造成環境髒亂。我通常選擇較大的款式，可當作輔助翻身的木頭。坊間亦販售日製果凍木，雖然價格稍高，但造型美麗，下方孔洞適合甲蟲躲藏，值得選購。

右頁上 這樣的飼養組合（飼養箱、果凍、底材、果凍台、攀爬樹枝）適用於大部分的甲蟲成蟲。
　　　（攝於魔晶園）
右頁下 玩家通常會有溫控房或冰箱，利用不同大小的容器，較為節省空間。

飼養時依照甲蟲種類不同，可放置枯葉、樹枝、樹皮，避免甲蟲無法翻正。

飼養甲蟲幼蟲的木屑，如果濕度過高未做好管理，便會出現各種雜蟲。（圖為黑翅蕈蚋科〔Sciaridae〕的幼蟲）

各種防止小蟲入侵的不織布與網目較細的罩子。

無論飼養空間大小，盡量做到排列整齊，與環境衛生。

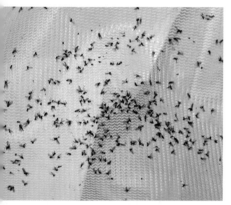

無論初學者與玩家都不陌生的蕈蚋（俗稱木蚋），防堵牠們入侵木屑非常重要！

果凍台可以固定果凍，飼養其它食性甲蟲時，也可當成食物台，有大有小方便選擇使用。

無論飼養哪一種甲蟲，昆蟲果凍是必備的，給予水分或其它養分攝取最佳補給品。

飼養甲蟲成蟲用的各種墊材，水苔保濕能力佳、樹皮塊好整理，我最愛使用顆粒木屑。

一包 50元

蟲友之家

　　當我還是小學生時，可以飼養昆蟲是一件非常酷的事！但當時並沒有所謂的蟲店，最多就是文具店，兼賣蠶寶寶與桑葉，還有三節組合式竹釣竿，這是最早可以用來改裝成補蟲網的工具。所謂的飼養箱也不過是改裝的紙盒或餅乾盒，套句現在流行用語就是「土砲改」。時過境遷，大約20年前，幾乎每周都在台北木生昆蟲館與同好聊蟲經，不時有家長帶著孩子，來店選購甲蟲與相關用品，各種尺寸高透度飼養箱、果凍、木屑、產卵木、昆蟲活體琳瑯滿目，蟲友也會在現場給予飼養建議。而我在初期對於甲蟲的生態知識、飼養方法、繁殖技巧，就是這樣累積來的。慢慢地甲蟲飼養變成流行，實體店面越來越多，一方面吸引新血加入，也讓玩家有發揮的空間。但網路賣家崛起，甲蟲熱潮退燒，讓許多店面無法經營，紛紛結束營業。十年過後，再重新檢視甲蟲市場，許多當年咬牙苦撐經營至今的蟲店，都已建立良好信譽，並有穩定客源。文末將目前實體店面資料表列，並分享自己常去或曾去過店家的心得，尚未去過的蟲店雖未特別著墨，但也經營出自己的風格，每家各有強項，希望大家也能多去走走，給予支持鼓勵。

萊蟲叔叔昆蟲生活坊經營團隊。（攝於 2017 台灣昆蟲大展）

蟲森萬象經營團隊。(**攝於2017台灣昆蟲大展**)

　　「**木生昆蟲**」是台北最老字號的蟲店。認識超過20年的木生余小姐(余姊)，在我飼養甲蟲初期，給予許多資訊與建議，讓我快速進入狀況，為人熱情並願意照顧新進朋友。店中陳列的昆蟲標本，應該是全台灣所有昆蟲店中最多的！若有足夠時間，還可以聽余姊回憶當年，阿公(余姊的父親余清金老先生)在世時，將木生昆蟲經營得有聲有色的故事，為台北必訪店家！

　　與「**魔晶園**」李老闆認識十多年，曾經一起前往國外採集，是一位非常值得信任的夥伴。店中擺滿各式日本進口果凍、木屑、果凍台，與採集做標本的工具，對於市場脈動有獨到見解，若有需要的日本昆蟲書籍，也可請老闆代為訂購。我目前使用的長桿與採集工具都是在這裡購買，價格保證公道划算。

　　信義區巷弄內的「**蟲林野售**」是非常知名的店家。與老闆洪先生(智叔)在該店草創初期便已熟識，其野外採集經驗十足，我的朋友、日本知名生態書籍作者鈴木知之先生來台，也是由洪先生領隊，進入森林拍攝鍬形蟲生態照。該店特色為提供世界各國稀有種類兜鍬，連日本剛上市的「紫鉗」也由洪先生率先販售，造成預購熱潮。若要前往請特別注意營業時間。

　　「**蟲森萬象**」是位於香港的甲蟲店，老闆文傑年輕充滿活力，店中提供各種甲蟲活體，成蟲幼蟲皆有，搭配高質量的飼養用品，與豐富的飼養經驗，常讓人在店中忘了時間。文傑也規畫各種飼養與生態講座，推廣昆蟲相關知識不遺餘力，若到香港是朝聖首選。

士林圓環「**蟲磨坊**」也是台北老字號店家，與兩位老闆蕭老爹、楊先生（阿文兄）在該店草創初期皆已熟識。店內販售國內外鍬兜種類，飼育材料則主打自行研發的菌瓶、木屑與腐植土，實際飼養成果相當不錯。店內另一項特色是代製標本，蕭老爹擁有精湛手藝，若有需要可以直接洽詢。

　　「**台灣昆蟲館**」由我的好友，也是昆蟲本科系高材生柯心平一手創建。他還在研究所時期我們便已熟識，對於昆蟲與動物的熱情無懈可擊！該館經營項目由活體、耗材、書籍、生態課程一應俱全，並固定舉辦生態營隊。館內的服務人員皆為科班學生與玩家高手，來這裡無論湊熱鬧或是看門道，皆能滿載而歸。

　　「**雕蟲小技甲蟲生態教育館**」與老闆曾成先生結緣也近十年，他是一位充滿熱情並且對教育不遺餘力的熱血男兒。除了販售各種甲蟲活體外，還致力於開發各種周邊用品，並推廣飼養甲蟲的觀念，還將飼養幼蟲的祕訣拍成影片與蟲友分享，只要來到這裡一定能有所收穫。

　　「**菜蟲叔叔工作坊**」的老闆蔡先生（菜蟲兄）是老蟲友，當年在木生昆蟲認識的，當時到處衝山找蟲，充滿熱血回憶。這是新竹最老字號的昆蟲店，販售昆蟲、兩爬與耗材，亦接受學校邀約，講授昆蟲相關課程。營業時間常聚滿蟲友談天，店中各種節肢動物標本，是學習新知的好去處。

雕蟲小技經營團隊。（芃果藝術顧問有限公司授權使用）

南投甲蟲館經營團隊。（**攝於2017台灣昆蟲大展**）　　蟲林野售經營團隊。（**攝於2017台灣昆蟲大展**）

愛森螳經營團隊。（**芃果藝術顧問有限公司授權使用**）

　　「**愛森螳**」館長老闆賴先生（阿勳兄）是熟識多年的好友，他對台灣鍬形蟲的生態與分布有深入的專研，之前撰寫《鍬形蟲日記簿》，有幾個種類還是請他出馬，陪同上山才找到的。店中自行開發的木屑，對於飼養各種大兜蟲有神效！近幾年多角化經營，兩爬與特殊的節肢動物皆可在店中找到，是台中必逛蟲店。

　　「**夢蟲無我**」的老闆劉先生（阿山哥）當年在台北工作，剛認識時常與我及阿倫（稍後介紹）聚在一起聊蟲經，對於鍬形蟲的知識與熱情，還有夢想的執著無人能敵。之後回到台中成立夢蟲無我，經歷市場大起大落，曾過度勞累而昏迷一段時間，清醒後依然持續推廣甲蟲相關產業，個人相當敬佩。

各種昆蟲相關用品都可以在昆蟲店找到。
（攝於魔晶園）

每間店主打項目不同，可先電話詢問
是否販售該項商品。（攝於魔晶園）

「南投市中山公園前甲蟲店」的老闆藍先生亦是老蟲友，還在網路論壇時期便展露對甲蟲熱情，國內外兜鍬皆有相當程度的認識，曾與家人勇闖東南亞雨林，體驗不同於台灣的自然經驗。店中主力為兜鍬活體、各種飼育商品，並收藏為數頗豐的甲蟲標本，非常值得一遊。

「蟲之森」的老闆陳先生對甲蟲充滿熱情，還記得網路首部長戟大兜蟲羽化實況影片，就是他熬夜拍攝，讓蟲友大開眼界。店中以各國兜鍬為主，還有螳螂、馬島蟑螂、葉竹節蟲、兩爬、蜜袋鼯等活體，販售的飼育材料多樣，老闆與老闆娘都健談風趣，該店離捷運站近，非常適合攜家帶眷一同前往。

「九虫虫」（新昆蟲樂園）的老闆林先生（阿倫兄），就讀文大時期已是發燒蟲友，第一次前往福山也是由他帶領，對於甲蟲的熱情無與倫比。店中陳列商品可說是琳瑯滿目，各種甲蟲成體與幼體，蛇類、變色龍、蜘蛛、蛙類，可說一應俱全！在這裡可以得到各種知識與情報，非常推薦。

「綠色工坊」是高雄第一家蟲店，與老闆張先生（左腳兒）在木生結緣，當時都是熱愛甲蟲的同好，認識至今，彼此有任何需要，無不相互支持！他在大學時期即和同學創立綠色工坊，致力於推廣飼養甲蟲與生態教育，並不斷新開發生物觀察相關產品：「恐龍蝦、仙女蝦、蚌蝦」套裝組全台販售。目前專心致力於食用昆蟲、各種生物觀察教具、模組研發。

「蟲蟲底家」是宜蘭老字號昆蟲店，老闆鄭先生熱情洋溢，近年數次造訪非洲迦納，只為找尋稀有的白紋大角金龜。老闆非常照顧新進蟲友，在宜蘭擁有一票死忠鐵粉，假日通常人滿為患。店中擺放各種甲蟲活體，還有竹節蟲、螳螂等，飼育相關用品完備，值得一遊。

SHOP LIST

AREA	SHOP	TEL	ADD
台北蟲店	台北木生昆蟲坊	02-2594-7952	台北市松江路372巷13號
	台灣昆蟲館	02-7729-3709	台北市大安區和平東路三段406巷8號
	蟲林野售	02-2763-6447	台北市信義區永吉路30巷177弄29號
	蟲磨坊	02-8861-4090	台北市士林區大東路79號
	森之蟲林	0936-667232	台北市文山區羅斯福路五段170巷39號
新北蟲店	魔晶園	02-2968-9703	新北市板橋區北門街55號（北門街底）
	喜蟲天降新莊店	02-2202-0291	新北市新莊區中正路437號
	喜蟲天降三重店	02-2983-4251	新北市三重區重陽路二段19巷15號
桃園蟲店	雕蟲小技甲蟲生態教育館	03-362-1456	桃園市八德市建國路1170號
	蟲心所欲	03-313-9507	桃園市蘆竹區南竹路三段96號
	阿峰甲蟲專賣店	03-450-0333	桃園縣中壢市龍岡路三段410號
新竹蟲店	菜蟲叔叔昆蟲生活坊	03-536-0365	新竹市天府路二段10號
台中蟲店	甲蟲部落台中公園店	04-2215-1119	台中市精武路255號
	甲蟲部落文心森林店	04-2473-3139	台中市向上南路一段341號
	愛森螗昆蟲生態館	04-2320-2219	台中市北區忠明路153號
	有朋寵物雜貨店	04-2215-0531	台中市東區東英九街21之1號
	夢蟲無我	0928-648396	台中市北屯區中平路509巷86號
	崑蟲坊	0975-057207	台中市北區益華街35號
彰化蟲店	綠光蟲林生態館	0937-020789	彰化縣員林市林森路413號
南投蟲店	南投市中山公園前甲蟲館	04-9224-1961	南投縣南投市民生街20號
台南蟲店	兜鍬蟲林	0938-991913	台南市成功路501號
高雄蟲店	蟲之森	07-552-9255	高雄市鼓山區龍德路45號
	丸虫虫（新昆蟲樂園）	0921-190258	高雄市新興區復橫一路221號
	亞馬遜昆蟲專賣店	07-398-0708	高雄市三民區義華路159巷34號
	亞馬遜昆蟲專賣自由店	0986-306095	高雄市左營區文自路968號
	爬爬食堂	07-223-7863	高雄市新興區復興二路350號
屏東蟲店	屏東蟲蟲培育昆蟲館	0971-305792	屏東市桂林街56號之1
花蓮蟲店	長虹文具行	0917-541478	花蓮市博愛街293號
宜蘭蟲店	蟲蟲底家	0927-821063	宜蘭縣羅東鎮忠孝路113號
	甲蟲森林	03-928-0810	宜蘭縣礁溪鄉二結路50-11號
香港蟲店	蟲森萬象	+852 5488 8266	香港九龍旺角通菜街171號1/F

後 記
養蟲甘苦談

　　這是日記簿系列的第二本，也是我的第十本科普書籍。開始專心自然觀察的這十年，是人生到目前為止，最精彩的時刻！定期前往世界各地探險，將故事與經驗撰寫為科普書籍與專欄，文章被選為國小六年級的國文課文，擔任生態節目主持人與電台固定來賓，到處演講並引導親子自然觀察活動，每年還有新主題產出。常有人問我：「哪來那麼多點子，是因為常出國？就讀生態相關科系？從小家中長輩支持與啟蒙？」其實都不是！我曾想過，如果當年家人支持我的興趣，或是升學並考上想念的科系，也許今天就不會有「熱血阿傑」這號人物出現。若真要探討，就從養蟲談起吧！

　　剛開始飼養甲蟲的第一年，每天下班，買了便當便直衝鄰近山區，隨便一塊大石就是我的餐桌，手捧晚餐望著逐漸西下的太陽，等待甲蟲開始活動。蜿蜒路上不滅的是燈光，一盞一盞，不停照亮我的夢想，直到天空再度露出曙光。雖然睡得少，但精神卻沒變得萎靡，反而更加光彩洋溢，因為找到屬於自己真正的興趣。那段時間瘋狂增加飼養箱，慢慢將我的床頭、櫥櫃、書架佔滿，初期飼養成蟲還好，只要定時噴水換果凍，不要發出味道與滋生果蠅就好。隨著掌握繁殖技巧，幼蟲越來越多，飼養的木屑開始長出木蚋（一種小型蕈蚋），引起家中長輩反感，並把被蚊子叮咬的帳，也算在木蚋頭上；為了得到更細緻的木屑，將產卵木剁剩的木塊，用果汁機打碎，導致後來打出的果汁都有股木頭味；冰箱中的蜂王乳被我當作補充營養成分，添加在木屑中；改以菌瓶飼養大扁、大鍬類的幼蟲，每逢溫差過大就會長出菇蕈，萬一沒注意，木質地板上就被孢子染成白色；某些鍬形蟲咬破盒子跑出來，被家人當成大蟑螂，只差沒拿拖鞋打下去！相信以上種種，大部分蟲友都體驗過，可是我們為什麼樂此不疲？相信只有「真愛」兩個字能解釋。

　　玩蟲生涯要感謝的朋友真的太多，特別感謝國立台灣大學昆蟲學系教授蕭旭峰老師，學務繁忙之際特別撥冗作序，國立自然科學博物館研究員鄭明倫博士為本書內容資料審定把關，師範大學生科系林仲平老師、日本金龜學會理事長益本仁雄老師、林業試驗所汪澤宏博士、國立自然科學博物館研究員蔡經甫博士傳授各種甲蟲知識與經驗。協助物種鑑定的好友們：何彬宏、徐振輔、高士弼、胡芳碩、蕭勻、梁維仁、林翰羽、黃福盛、施欣言、謝瑞帆；最棒的探險夥伴蘇自敏、李汪玲、余文智、林琨芳、林宗儒、柯心平、陳震邑、張世豪、張書豪、張永仁、黃世富、黃一峯、劉正凱、鐘志俊、梁品洋、蕭永崑；芃果藝術顧問有限公司林傑森JASON LIN授權使用昆蟲大展照片；遭遇任何問題都能隨時救援的廖智安先生、鐘云均小姐；生命中最重要的貴人劉旺財先生與廖碧玉賢伉儷；最後特別感謝台灣大學榮譽教授楊平世老師，隨時關心我的狀態，並不時幫我加油打氣。從未放棄我的母親曾秋玉女士、堅強後盾的內人學儀、讓我一起學習成長的兒子于哲，謝謝您們！

　　益蟲與害蟲都是人類主觀的認知，對於自然環境來說，每種昆蟲存在都有其意義，只可惜大部分人並非這樣認為。若有天，您也能以宏觀的角度來看待自然生物，相信地球的樣貌會變得更美好。對於本書有任何建議或指導，歡迎您與我聯絡。

　　我的email：shijak0526@gmail.com。也可在網路上搜尋「**熱血阿傑**」或shijak0526，即可找到專屬頻道與網頁介紹。謝謝！

參 考 網 站

世界吉丁蟲　　　　　http://coleopsoc.org/buprestidae/index.html

台灣物種名錄　　　　http://taibnet.sinica.edu.tw/home.php

台灣昆蟲同好會　　　https://taisocinh.wixsite.com/taisocinsectnhweb

台灣食糞群金龜簡誌　http://binhong0505.blogspot.tw/

台灣水生昆蟲網　　　http://dytiscidaetaiwan.blogspot.tw/

參 考 書 籍

鈴木知之著。《世界鍬形蟲、兜蟲飼育圖鑑大百科》。
台北：商鼎出版，2007

藤田 宏著。《世界鍬形蟲大圖鑑》。
日本：日本虫社出版，2010

清水輝彦著。《世界のカブトムシ》【上】南北アメリカ大陸編。
日本：日本虫社出版，2015

歡迎訂閱熱血阿傑頻道

參考資料

林仲平、大澤直哉、北野峻伸、黃仕傑（2016）。共棲於台灣阿里山區二葉松之兩種 Harmonia 瓢蟲（鞘翅目：瓢蟲科）：隱斑瓢蟲（*Harmonia yedoensis*）與新記錄之四斑瓢蟲（*Harmonia quadripunctata*）台灣昆蟲 36- 1：1-5
DOI:10.6662/TESFE.2016001

何琦琛、陳文華（2002）。黃角小黑隱翅蟲對神澤氏葉　卵量的取食與產卵反應評估。植物保護協會會刊，44（1），15-20。

陳文華、何琦琛（1993）。黃角小黑隱翅蟲（*Oligota flavicornis*（Boisduval & Lacordaire））之生活史、捕食量及其在茄園之季節消長。中華昆蟲，13（1），1-8。

梁維仁、丸山宗利、李後鋒（2016）。無取食行為的幼蟲與專食白蟻的成蟲：一新種喜白蟻性隱翅蟲之生活史與補食行為。台灣昆蟲學會第三十七屆年會，2016 年 10 月，台北。

黃守宏、鄭清煥、王泰權、陳柏宏（2015）。溫度對青翅蟻形隱翅蟲（Paederus fuscipes Curtis）發育與繁殖之影響。台灣昆蟲學會第三十六屆年會，2015 年 10 月，台中。

Piel J（2002）. A polyketide synthase-peptide synthetase gene cluster from an uncult ured bacterial symbiont of Paederus beetles. PNAS, 99（22）, 14002-14007.

Beutel RG and Leschen RAB（2005）. Phylogenetic analysis of Staphyliniformia（Coleoptera）based on characters of larvae and adults. Systematic Entomology, 30,510-548.

Chatzimanolis S, Grimaldi DA, Engel MS, and Fraser NC（2012）. Leehermania prorova, the earliest Staphyliniform beetle, from the Late Triassic of Virginia（Coleoptera: Staphylinidae）. American Museum Novitates, 3761, 1-28.

Grebennikov VV and Newton AF（2009）. Good-bye Scydmaenidae, or why the ant-like stone beetles should become megadiverse Staphylinidae sensu latissimo（Coleoptera）. European Journal of Entomology, 106, 275-301.

日記簿甲蟲

作者	黃仕傑
企畫選書	辜雅穗
特約編輯	一起來合作
總編輯	辜雅穗
總經理	黃淑貞
發行人	何飛鵬
法律顧問	台英國際商務法律事務所　羅明通律師
出版	紅樹林出版
	地址：台北市中山區民生東路二段141號7樓
	電話：（02）2500-7008　傳眞：（02）2500-2648
發行	英屬蓋曼群島商家庭傳媒股份有限公司城邦分公司
	地址：台北市中山區民生東路二段141號2樓
	書虫客服服務專線：（02）25007718・（02）25007719
	24小時傳眞服務：（02）25001990・（02）25001991
	服務時間：週一至週五09:30-12:00・13:30-17:00
	郵撥帳號：19863813　戶名：書虫股份有限公司
	email：service@readingclub.com.tw
	城邦讀書花園：www.cite.com.tw
香港發行所	城邦（香港）出版集團有限公司
	地址：香港灣仔駱克道193號東超商業中心1樓
	email：hkcite@biznetvigator.com
	電話：（852）25086231　傳眞：（852）25789337
馬新發行所	城邦（馬新）出版集團 Cité(M)Sdn. Bhd.
	地址：41, Jalan Radin Anum, Bandar Baru Sri Petaling,
	57000 Kuala Lumpur, Malaysia.
	電話：（603）90578822　傳眞：（603）90576622
	email：cite@cite.com.my
設計	mollychang.cagw.
印刷	卡樂彩色製版印刷有限公司
經銷商	聯合發行股份有限公司
	電話：（02）2917-8022　傳眞：（02）2911-0053

2018年（民107）7月初版
2023年（民112）11月初版5.7刷
定價460元　ISBN 978-986-7885-95-1

城邦讀書花園　www.cite.com.tw

國家圖書館出版品預行編目資料
甲蟲日記簿 / 黃仕傑著；-- 初版.
-- 台北市：紅樹林出版：
家庭傳媒城邦分公司發行，
民107.07，208面；14.8*21公分
ISBN 978-986-7885-95-1（精裝）
1.甲蟲 2.動物圖鑑 3.生態攝影
387.785025　　　107008626